U0021319

全魚解構與料理

採購、分切、熟成、醃製，從魚肉、魚鱗到內臟，
天才主廚完整分解與利用一條魚的烹飪新思維，
探究魚類料理與飲食的真價值

喬許·尼蘭德（Josh Niland） 著

羅伯·帕爾默（Rob Palmer）攝影
林潔盈 譯

推薦語

【全球明星主廚一致肯定】

每隔一段時間，就會出現一些以不同角度看待事物的人，而這名澳大利亞年輕人就是個罕見的天才。喬許工作的方式是新鮮、不尋常且令人興奮的，他展現出令人難以置信的眼光，本書就確確實實地反映這一點。創意是裝不出來的，我很少看到這樣的天賦。他有時會用一些專業廚師的技巧，但是書裡也有很棒的基本原則，適合各種程度的人。歸根究底，他所有食物的核心存在著一種極大的幽默感——他在一些經典菜餚裡加了讓人驚奇的祕訣，相信我，真的管用！我已經很久沒看到這樣的烹飪書了——這讓我興奮不已，迫不及待想看看喬許下一步會做什麼。

——傑米·奧利佛（Jamie Oliver）

喬許·尼蘭德是個天才——而且是最罕見的那種：他不會讓你想鼓掌表示佩服，只是讓你開心。無論就個人或菜餚而言，都很難不被他的才華與熱情所征服。我討厭耍花招或刻意引人注意的新奇感，我得把這一點釐清，你才不會誤解他原創性與創新性的真正魅力。他的食物沒有任何強迫性或尋求關注的成分，而是一種徹底的簡單性，讓他重新看待魚和如何煮魚的問題，讓人彷彿覺得他做的東西一直以來都存在一樣，而且永遠是我們烹飪遺產的一部分。然而，他的食物也是非常具有革命性的。他是個非凡的天才：我喜歡他的專注，也就是彼得·戈登（Peter Gordon）所謂「美妙的魚哲學」，當然，我也喜歡他的食物。

——奈潔拉·勞森（Nigella Lawson）

這本書既是包容廣泛的技術手冊，也是讓人一窺創意的巨大舷窗，展現出尼蘭德主廚對各種魚類菜餚真誠純粹的處理手法。這本書優美地闡述了有關整隻動物的想法，同時有條不紊地讓讀者了解到責任與創新共存的思想。

——格蘭特·艾查茲（Grant Achatz）

這是少數能教給你基本知識的書。非常具有啟發性，值得一讀再度——這本書肯定很快就會被翻爛。

——雷勒·雷哲度（René Redzepi）

如果你喜歡煮魚，這本書將為你帶來靈感啟發。你將了解如何以乾式熟成來濃縮風味，並使用除了魚嘴吐出的泡泡以外的每個部分。

——瑞克·史坦（Rick Stein）

我關注喬許很久了，我很喜歡他，也喜歡他對魚的每一個部分物盡其用的手法，他真的非常具有開拓精神。這本書是為家庭主婦與專業廚帥所作，我為它喝采。

——瑪姬·比爾（Maggie Beer）

在這個世界上，沒有比這強大的靈魂更讓我願意用他的刀給我去鱗、進行乾式熟成、烘烤、靜置、切片與上菜！謝謝喬許，感謝你的關注與關心！你真的很棒！

——馬蒂·馬得勝（Matty Matheson）

喬許·尼蘭德有著毫不妥協的嚴謹紀律，以及從魚鱗到魚尾的永續性海鮮理念，兩者的結合在思考、感受、處理與享受海鮮的各個層面都帶來革命。

——鄺凱莉（Kylie Kwong）

這本書改變了遊戲規則！喬許基本上檢驗了所有烹飪魚的老方法，去蕪存菁，把不好的扔出窗外，把剩下來的也完全顛覆。這本書讓我大開眼界，而喬許在解釋他對海鮮世界的看法時更是言之有物。這是一本非常、非常特別的書，多年以後，我將回顧這個時刻，告訴自己：「還記得聖彼得餐廳的喬許寫的那本書，讓我們全都重新思考烹煮魚肉海鮮的方式嗎？」感謝喬許與聖彼得餐廳團隊，謝謝與我們分享這些知識。

——內森・奧特勞（Nathan Outlaw）

渴望簡單是一個複雜的過程。喬許・尼蘭德給我們這行帶來靈感，這本書提供了豐富的享受與熱情。他以令人信服的方式告訴我們，只要有時間與耐心，就能發現味道深度的真正意義。

——波・貝克（Bo Bech）

我絞盡腦汁，試圖想出一家在處理海鮮的創造性與深刻思考上，能與聖彼得餐廳媲美的美國餐廳，卻徒然無功。說到現代專門的海鮮餐廳，澳大利亞是最棒的，聖彼得餐廳就是很好的證明。

——《紐約時報》貝莎・羅德爾（Besha Rodell, *The New York Times*）

喬許・尼蘭德能從魚眼、魚鰾，甚至魚血中提取出美味。他的努力，無論是讓人難以忘懷的內臟，或是樸實的頰肉，總是美麗且低調內斂的。

——《美食與美酒》梅蘭尼・漢舍（Melanie Hansche, *Food & Wine*）

【台灣廚藝達人同聲推薦】
（依姓名筆劃排序）

給你知識、技巧、靈感的一本好書，有關魚的一切，都在這裡了。

——高琹雯 Liz
（美食作家、Taster 美食加創辦人）

對愛魚懂魚程度絕對不落人後的海島國度子民的我們而言，此書不僅深入淺出甚至鉅細靡遺地翔實傳授各種魚類處理與調理知識、門道、理念和技巧，更提供了另種來自西方角度、同時自成一格的看魚、烹魚的嶄新觀點與思維：不管是「將魚視為肉品」、魚下水的物盡其用，以至多元素材的配搭、多樣菜式的呈現，都讓人耳目一新，備受啟發。

——葉怡蘭（飲食生活作家、《Yilan 美食生活玩家》網站創辦人）

作者對魚了解透徹，從魚肉到內藏的各式調理法，如同書名《全魚解構與料理》一樣，讓人驚艷！可說是魚料理的活字典。

——歐子豪（Hanabi 居酒屋主廚）

台灣四面環海，海鮮資源多，尤其魚的種類更是豐富。作者對魚的研究相當透徹，無論分切、熟成、醃漬、燒烤以及各式的料理手法，都有詳盡的解說。對於魚類料理研究有興趣的人，這本書是很棒的指引。

——簡天才
（THOMAS CHIEN 餐飲事業群廚藝總監）

完整的技術細節與作法指引，沒有累贅的內容。這麼說吧……我立刻就跟編輯訂了一本！　　——蘇彥彰（法式餐飲顧問）

CONTENTS

前言

喬許・尼蘭德將改變你對魚的想法。無論你是以烹飪為業，或者只是為家人朋友烹煮，他將改變你烹飪、享用魚的方式，以及吃魚的頻率——從口感紮實的魚排愛好者到尋求挑戰的專業美食家，不管目前的你處在哪個技術水平，都可以在這裡找到靈感與啟發。

在喬許身上，我們看到他雖然是一名還沒有登峰造極的廚師，但他充滿動力、幾乎是從細胞層面去理解魚，並努力探究過程中發現的問題。

我們為什麼不在家多做些海鮮料理呢？海鮮總是需要這麼多酸味來搭配嗎？我們能在不把牠弄濕的情況下進行準備工作嗎？如果熟成的時間更長一點，會發生什麼事呢？或是減少烹煮時間呢？還有，最重要的一點是，我們為什麼不能用更多海魚，又為什麼不能更徹底地運用我們買下的每一條魚？要怎麼樣才能做得更好呢？

將整隻動物完整烹煮與利用的方式，在世界各地都是被廣泛接受的作法。英國名廚費格斯・亨德森（Fergus Henderson）畢生致力於發揚那些在廚房中經常被遺忘或丟棄的肉品部位、內臟與四肢。亨德森常說：「如果不充分利用整隻動物，對動物來說似乎不夠誠懇。」喬許給自己設定了一個崇高的目標——要賦予深海生物同樣的理解與欣賞。喬許告訴他的供應商，把最好的食材送過來，他會想辦法將牠們端上桌。這就是餐廳烹飪的目的，不是嗎？

還有另一件事——所有的準備與訓練工作，若是沒有靈感也是徒然。而喬許就是有著源源不絕的靈感。他的靈感來自於平凡卻富含詩意的繆思，例如本土種植的歐芹所散發的芬芳、黃尾獅魚在冷藏室裡熟成四天後蘊含的豐富滋味、小章魚頭裡塞進水煮蛋的美妙。

在這個任務中，他最主要的武器是品味與技巧，讓食物具有強大視覺與味覺的吸引力，他曾在雪梨的許多知名餐廳，如葛拉斯（Glass）、埃斯特（Est）等磨練這些技巧，其中最值得一提的，是在魚臉餐廳（Fish Face）師從海鮮大廚史蒂大・霍奇斯（Steve Hodges），以及在英國名廚赫斯頓・布魯門索（Heston Blumenthal）肥鴨餐廳（Fat Duck）的開發廚房任職的經歷。不過等到他在 2016 年於雪梨開設聖彼得餐廳（Saint Peter）時，所端上的菜色就完全是他自己的創作了。喬許經營的魚鋪（Fish Butchery）是一間以魚為主的複合式食材店，店面裝潢明亮，看來就像是蘋果旗艦店與達米恩・赫斯特（Damien Hirst）裝置藝術的混合體。這間店於 2018 年在雪梨開業，目的是想改變海鮮零售的本質，自開幕以來一直門庭若市。

血、內臟與骨頭，這些不是你必須烹煮的東西，但是如果你有這樣的想法，喬許會教你怎麼處理（只要你想要，他甚至能教你如何處理烏魚鱗片、鱒魚喉與鯖魚精囊）。他還會教你怎麼挑選新鮮的魚、怎麼做水波式泡煮，或是怎麼讓魚皮的口感酥脆。唯一比自我提昇還讓喬許・尼蘭德感到興奮的，是有機會讓其他人也獲得這些知識。

提供讀者食譜的烹飪書籍很多，但在本書中，喬許想分享的是他對烹飪充滿藝術與詩意的理解。給人一條魚，可以吃一天；教人如何捕魚，可以吃一輩子。授人以魚，不如授人以漁。

——美食評論家帕特・諾斯（Pat Nourse）

自序

我對魚感到深深著迷。我喜歡煮魚，因為這種食材蘊含著未被開發的潛能。魚的風味、質地與外觀，總是能啟發我更廣泛地思考「如何讓牠更令人滿意」。

雖然我有幸與幾位世界上最棒的廚師合作（也有幸使用全世界最棒的食材進行烹飪），但對我來說，最美好的時刻莫過於，當顧客走到聖彼得餐廳的櫃檯或是魚舖的收銀台前，熱情地與我們分享他們美好的吃魚體驗。開設這些空間，我的妻子茱莉與我，不只是希望能發揚澳洲最好的魚肉烹飪，也想藉此證明，海裡的魚不只十幾種，而且魚的運用也並不只是能做成魚排。

本書的主旨是想將這個訊息傳遞給更多的讀者。它不只是眾多海鮮食譜裡的其中一本。在這本書裡，你不會看到任何典型的「迷人」照片，如放在閃閃發光的新鮮刨冰上的魚肉。相反地，我希望你有種乾淨與容易接近的感覺，發現魚肉並不是臭氣沖天、黏糊糊、骨頭很多且讓人畏懼的食材，而是一種相當有個性的材料，不同種的魚和不同部位都有各自的特點和最適合的烹飪方法。

大約在十五年前，我開始烹飪時，人們對所謂次級肉品部位開始重視。回顧那個時期的筆記、插圖與食譜書，當時的我覺得，能把豬、兔或牛的六七個不同部位放在同個盤子裡精緻呈現，並讓牠們看來令人食指大動，且滿足食客胃口，是很酷的一件事。不過從另一個角度來說，魚肉一直被認為是一種比較女性化、高雅且昂貴的食材，除了魚排以外，幾乎沒有什麼潛能可言。

我從小學到有關肉類蛋白質的知識，對我現在處理魚肉的工作非常具有啟發性。當我能夠處理整條魚，將內臟和魚排一起使用，並端上桌，成功做到減少扔掉的部分，這讓我非常興奮，而顧客也會為能看到這些食材所蘊涵的奢華而感到有趣。

我們需要徹底改變處理魚的思考方式，更加關注那些傳統上被認為是「廢物」的魚的元素。但是，這有可能嗎？這樣說好了，世界上很多令人期待和最受歡迎的菜餚，都是在廢物利用的基礎上誕生的。無論是法式陶盆派（terrine）、香腸，還是材料最簡單的英式麵包布丁，都是在「我們要拿這些東西怎麼辦？」的想法下誕生的。我沒有不把這樣的想法套用在魚身上的理由。

徹底了解魚的不同部位與魚的烹飪方式，會讓身為廚師的你更能挖掘、駕馭每條魚的潛在優點。因此，我想透過本書傳遞的內容，並不是關於一條魚為何要搭配特定的佐料，而是如何更透徹地了解「魚」。雖然魚排的烹飪可能佔了這本書的45％，但另外55％的內容才是最令人興奮的。這55％的內容是讓我們能更深入探討魚這種食材，同時學習更具永續精神的處理手法。

如何使用本書

我料理魚的哲學是要「最大限度地減少浪費，同時最大幅度地提升風味」。為了達到這個目的，全魚烹飪與乾式熟成是我的兩個關鍵工具。

- 只購買和烹調魚排，不僅讓你在創意上受限，同時也忽略了大部分的魚──從道德和永續發展的角度來看都很可惜。使用整條魚，也是在對這種在世界各地都正在枯竭中的消耗性商品展現出極大的尊重。
- 乾式熟成（參考第 29 頁）不只能延長魚肉在最佳狀態下的保存時間，還能提升不同魚種的獨特風味與口感。我對魚肉乾式熟成的知識，很大一部分是透過反覆的試驗與錯誤的累積而來的。

本書的前半部分詳細介紹了這些工具，為家庭料理者與專業廚師提供新的見解；而後半部分則以這些工具為基礎，提供創新的食譜與想法。後半部分介紹的魚，絕對不是為了達到同樣效果而必須使用的魚，應該是說，牠們是我最喜歡使用的幾種魚；同時，書中也為太平洋與大西洋地區提供替代魚種建議。成功料理魚的關鍵，在於你對所烹飪魚種的信心與理解，以及你為了獲得最佳成果而選擇的方法。

我希望本書不但能啟發你使用更多樣的魚種、以及烹調方法，也能讓你更了解魚類烹飪這個令人興奮的新領域。

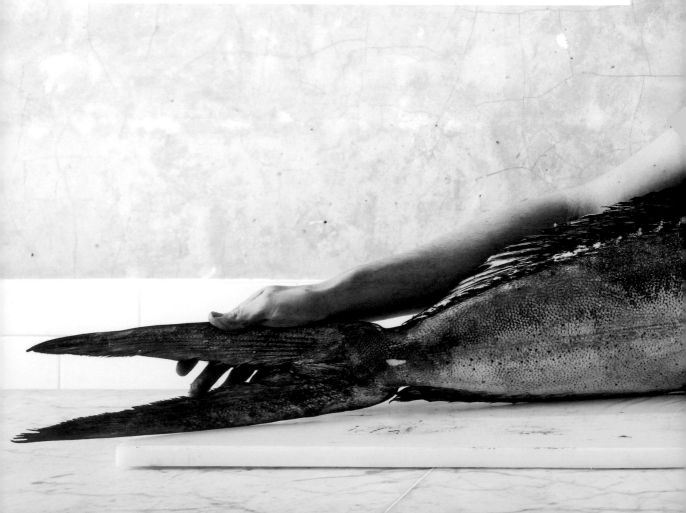

知

識

為何不吃魚？

我堅信，魚是我們大多數人都願意多吃的一種蛋白質，因為我們非常清楚地對健康的益處。然而，相較於其他肉，我們在家裡其實很少煮魚，這又是為什麼呢？

下面幾頁將詳細探討各種不同的因素，但首先，讓我們先來談談讓大多數人望而卻步的原因——煮魚涉及的變數太多。這些變數讓煮魚成了非常困難的事情，包括當時是一年中的什麼時節、魚是在一天中的什麼時候被捕獲、是以什麼方式被捕獲、是以什麼方式運送到市場（或者就我的例子來說，則是運送到餐廳）以及這個過程的時間範圍。魚的儲藏和處理方式也會有影響。牠死後是否接觸過冰或水？去鱗的方式？是否已經去除內臟？該如何切割？這些都是在你思考該如何煮魚之前所遇上的問題。

把這些變數條列下來，似乎讓人有點不知所措，其中有些甚至看來可笑，或者（在某種程度上）有點強迫症。但是，對我來說，如果有其中一個沒有被考慮到，將造成不可挽回的連鎖反應，我想達到的完美烹飪效果也就不可能實現了。

將每個變數都控制在最佳狀態是非常了不起的成就，這大概不是能大規模實現的事情。然而，這卻正是我們竭盡所能的想在魚鋪與聖彼得餐廳達成的事情，我相信這也是我們與眾不同之處。理解這些變數以及接下來幾頁中詳細探討的其他因素，也會改變你在家烹調魚肉的方式。

1. 我們缺乏關於魚的基礎知識，或是不了解料理魚的方法（或以上皆是）。

對一種魚的負面體驗，總是讓我們想回到自己的舒適圈，或是永遠不再嘗試吃或烹煮那種魚。我與聖彼得餐廳和魚鋪（尤其是魚鋪！）的顧客接觸得越多，就越了解到，人們普遍害怕買生魚帶回家烹煮，或認定煮魚是一件難事。

為了得到烹煮生魚排或整條魚的正面體驗，我們必須與實際賣魚的人交談（參考第23頁），或者至少用我們那無所不知的智慧型手機查一查。如此，才能有基本的了解，跳脫「只需要以油煎方式烹調就能獲得最佳效果」的想法。

我們都知道，魚是比較昂貴的商品，在烹調與處理的時候，需要的注意力遠比去骨雞腿肉還要多。然而，如果你想要的是去骨魚排，那麼可以跟魚販聊一聊，看他能否幫你處理。在數位世界中，我們與食物的聯繫越來越少，所以，你可以，也應該與那些為你準備和處理食物的人溝通。

買一整條魚帶回家，自己動手去魚鱗、去內臟再去骨切片，對你來說可能太吃力或太費時，但是請記住，你可以向魚店店員尋求建議，問問什麼魚最符合你的需求，或是他們都為自己挑些什麼。或者，你可以在買魚之前先想想，對你來說主要的困難到底是什麼，並與魚販討論這些因素。

請記住，我們跟魚打交道的糟糕經驗，以及餐桌上魚肉料理形式總是一成不變，可能並不是因為買的魚品質不好，而是選擇的烹飪方法不恰當。

雖然不是每個人天生都能用摸、擠、聞和看判斷出一條魚最完美的烹煮方式，但這是可以有其他解決方法的——或許只要單純地換一種較好的烹飪方式，加上特定的烹煮時間與溫度，藉此便可消除你對魚的障礙或抗拒。在本書中，我介紹了許多可以應用在魚身上的烹煮方法，針對不同魚種提出建議，也告訴大家，在採用特定烹調方式時應該注意什麼，才能獲得最佳效果。

海裡的其他魚

烹調、食用特定魚種的不良或負面體驗，可能讓很多人放棄嘗試其他魚種。鮭魚是餐桌上極受歡迎的常客，也是在大多數商店裡最容易買到的魚之一。鮭魚肉已去皮去骨、營養豐富，且比大多數野生捕撈的魚含有更多的脂肪；鮭魚肉的含水量比較高，這讓牠比鯖魚（mackerel）、縞鰺（trevally）或烏魚（mullet），甚至寬頭牛尾魚（flathead）或白鯛魚（bream）等更容易處理——水分含量較低的魚，在烹調時都比較容易變乾、變柴。

對大多數人來說，鮭魚可說是一塊空白畫布，牠不需要用細膩的味道來讓我們感到驚艷；相反地，牠的用途廣泛，可以醃製、搭配醬汁，並適用於大多數家庭烹飪手法。雖然許多其他魚種的價格在一年之中有時會比鮭魚還低，但是因為鮭魚的價格和品質向來穩定，少有波動，而且隨時可得，所以仍然很受歡迎。

2. 優質的本地撈捕魚既難得又昂貴。

魚不該被看成是一成不變、隨時都能買到的商品。因為一年中有許多時候，魚僅可以提供屬於當時的、特別的風味與口感，但很可惜，牠很少被當成季節性食材。是的，你一年四季都可以買到蘆筍，但是永遠不會像初春出現在廚房裡的蘆筍那樣接近完美。在深冬，你也可以買到進口的桃子，但它不可能有本地產季時那種醉人的香氣。同樣道理，出現在澳洲寒冷冬季的雨印鯛（mirror dory）也有著獨特的美味，那是牠的親戚——印章魚（john dory）所沒有的，雖然大家總是被極富魅力的印章魚所吸引而忽略了牠。

如果處理得當，印章魚的口感很好；雨印鯛若不在最佳狀態，口感往往偏軟，且由於魚片很薄，烹飪時也有一定難度。一

年之中，雨印鯛的品質在冬季最佳。這個時候的雨印鯛，魚肉較紮實，魚皮下有一層豐富的脂肪，片出來的魚排厚度比其他時節要厚得多 —— 因為此時牠的營養似乎比一年中較溫暖的時節來得好 —— 而且魚的內臟可佔總重量的20%。

一種魚在品質最好的季節（產季高峰），可以讓你信心滿滿且自豪地將牠做成一道獨立的菜餚，同時也讓你有機會將每個部位都運用到一盤菜裡，亦即減少浪費。開始思考魚的季節性，讓廚師有機會在品質最佳的產季高峰上菜，並且將牠運用到極致。

另一個問題是價格。一般人不可能隨便殺一頭牛來吃，但是魚可以。那麼，他為什麼要花大錢買魚呢？這樣說好了，那條魚的價格代表漁民捕魚的勞動成本，就如農夫畜養動物所付出的心力一般。而魚是很脆弱的：一條魚一旦離水，牠的「保鮮時鐘」就開始倒數，只有所有相關人員都能妥善地處理，才能維持最高品質，從而賣得高價。

魚種的名稱也可以決定價格或認知價值。全世界有一百多種鯛魚，然而根據消費者對魚名的接受程度，只有少數幾種銷量最大、最受歡迎。舉例來說，長濱鯛（nannygai，與鯛魚關係密切）在產季的價格遠比一般鯛魚便宜得多，然而，不管牠是線釣捕獲，或是採用活締處理*並包裝得像孩子的第一份聖誕禮物一樣，在我的魚店中，牠都會是最後被賣出去的。事實是，如果將這條長濱鯛放在陳列架上，並標明是澳洲本土的鯛魚，可能更容易吸引顧客。

在本書的後半部分，我會針對一些被低估且不太出名的魚種提出烹飪建議，並提供建議的替代魚種，以避免因為季節或地域的限制而無法取得。

---

3. 魚的保存期限很短。

魚的保存期限不長，這往往是我們想更努力煮更多魚、吃更多魚的絆腳石，而且魚肉很快就會變質（參考第78頁）。然而，這個問題主要是因為生產與儲存的方式錯誤。

我們從超市和魚販處買到的魚，無論是魚排還是整條魚，雖然都會先用塑膠袋包好，然後用紙包，再真空密封或放在塑膠容器裡，再包上另一層保鮮膜，方便我們保存，然後烹煮食用，但在處理過程中都會經過大量活水清理，也存放了很多天，而且經過很多人的手。

由於用活水清洗過，這種「濕魚」會保留一定比例的水，且在包裝起來的這段時間裡，儲存容器內側也會有水氣凝結。這些水分會促進細菌生長，我們一般認為，徹底將魚洗乾淨，清除血跡或殘骸是正確作法，但這往往只是讓魚肉保存期限縮得更短。

---

* 編註：活締處理法，日本發明處理活魚的特殊技巧。順序為迅速破壞魚的神經、放血，冷藏和配送。這種宰魚法比較人道，同時可讓肉質保持最佳新鮮度。

工具

缺少工具讓你對在家煮魚卻步嗎？其實你不需要一個充滿花俏工具的漂亮廚房，就能烹調出絕佳的魚肉菜餚。聖彼得餐廳的廚房可以用「一目瞭然」來形容，也就是說，受限於空間以及能使用的設備，我們只有八只黑色薄層平底鍋、六只小單柄醬汁鍋、兩只中單柄醬汁鍋、一只雙層油炸鍋、一個三環爐、一個電磁爐、兩個日式烤爐，還有一個在每個服務時段專門用來烘烤酥塔的專業烤箱。我們擁有的工具差不多就這些。下面列出的清單，是我認為烹調魚的必備品，但是請不要忘了最重要的法則：花錢買好魚，就能有好結果，就是這麼簡單。

必要工具

- 鑄鐵炒鍋
- 附蓋單柄鍋
- 魚骨鉗與鑷子
- 壓魚肉板（參考第135頁）
- 各種長度的非彈性利刀
- 砧板
- 長鑷子（細鉗子）
- 曲柄抹刀

值得慶幸的是，整個商業過程中的乾式處理（見第27頁），再配合家中的良好製備與儲存方式（見第33頁），可以幫助我們克服水分過多的問題。我強烈建議必須了解背後的原理，這將會大大提升你對魚肉烹飪的理解與掌握度。

一旦了解了去除水分的原理，就可以進入下一個階段，在受控環境中試驗魚肉的乾式熟成（見第29頁），這將幫助你提高或增進魚肉風味的特定細微差異。

---

4. **我們不一定知道好魚是什麼味道。**

坦白說，在澳洲新南威爾斯州美特蘭市長大的我，最早接觸到的魚是母親在午休時間吃的罐裝鮪魚蘆筍抹醬，和從食品儲藏櫃拿出來、開罐後放在沙拉上作為晚餐的辣油漬鮭魚罐頭，以及咖啡館供應的凱撒沙拉上看來別緻的罐裝白色鯷魚（anchovy）。那時我連鮪魚的肉其實是深紅色的，而且幾乎沒有香味，而鮭魚肉則為橙色，那些「別緻」的白色鯷魚在被醋醃製之前原本是淡水魚（譯註：指斯氏梭鯷）等等都不知道。

姑且將其歸類為小時候沒有接觸過烹飪吧。但是對大多數人來說，這是正常的 —— 我們很多人在年輕的時候對魚和海鮮都沒有任何基本的認識或欣賞。這種現象似乎很兩極化 —— 有些人能大量接觸到在家附近捕獲，或在中央魚市附近購買的各式魚鮮，而在另一個極端，有些人只知道鮪魚、鮭魚、鯷魚以及偶爾在聖誕節吃到的明蝦。

同樣地，當我們談論吃魚時，也不可能不考慮到腦中對料理味道的印象與回憶的問題。以炸魚薯條為例，它除了是地球上最具辨識度的魚類菜餚，也是在烹調時最難維持品質穩定的魚類菜餚。對炸魚薯條這道菜來說，要達到完美的成果，大約要注意十五個變因，而其中只有十三個是可以控制的，其餘兩個無法控制，因為掌握在顧客手中。兩個的其中之一是時間，這可以在一定程度上加以控制（在2019年之後，廚師就需要考慮顧客在開始吃之前可能會拍多少張照片上傳到IG）。但是第二個就完全不可控 —— 顧客對於某天在一個最完美的地點與最合適的時間，與心愛的人分享了一盤炸魚薯條的記憶。儘管這盤菜的品質可能只是一般。對這些顧客來說，無論餐廳（或任何其他管道）花了多少心力去烹調這道菜，都無法超越那個完美的炸魚薯條時刻。

要領會好魚的味道，先得從調整殺魚的方式開始（參考第39頁），然後品嚐最純正、沒有過水的魚肉。吃生魚（參考第83-103頁）可以幫助你了解魚肉的口感，確定肉質的軟硬與肥瘦。除了吃生魚以外，水波式泡煮魚（參考第105-129頁）也能深入了解魚真正的味道。又讓你能為魚挑選合適的配菜，讓主菜與配菜的搭配相得益彰，而不是讓配菜這件事複雜化。

這不是另一本告訴你要在家多煮魚的食譜書，而是想幫助你在面對魚的時候作出更適當的決定，進而提升你對魚的體驗，同時希望藉此讓你餐桌上的魚更加多樣化。

採購

我一天中最快樂的時間在早上，也就是收到販賣商從市場發來滿滿魚獲選擇的訊息時。與他的這種互動極其重要，讓餐廳與魚店能夠做出好的選擇。除了這種關係，我們還直接與當地和其他州的漁民打交道。這讓我們能稍微提高採購量，同時也省下透過市場（可以理解的）中間商成本。

在週間與漁民對話也很重要，這讓我們的餐廳團隊能了解漁民的世界與他們的難處，無論是與天氣有關的問題，還是其他不可預見的問題，這有助於我們了解漁獲的價值，以及為什麼有些魚在某週內就是沒有供應。廚師與漁民之間的直接關係，也讓我們能教育前台服務團隊，不僅讓他們認識不同魚種，同時也了解魚的來源。也能告訴顧客捕獲今日晚餐的漁民叫什麼名字，這也是一種對魚的品質、新鮮度和來源的保證。

有關魚的來源知識也有助於了解魚的風味特徵。如果知道一種魚是以甲殼類或海草為食，在品嚐時就比較容易辨識出不同的味道。了解魚的味道，也有助於決定配菜的搭配，甚至是正確的烹飪方法。一般來說，魚的味道會用形容詞來描述，例如片狀的、綿密的或鮮美的，而不是用能突顯出潛在味道特徵的實際詞語，因為這種形容方式可能會過分影響、干預消費者的選擇。太多魚種因為刻板印象中的的味道而受人詬病，被當成次級選擇或直接被扔在一旁。

然而，在考慮這些之前，我們必須掌握到底哪些特徵是「新鮮」、「好魚」的表現。如此，作為一個消費者，才能毫不猶豫而精準的買到一條好魚。以下這些就是需要注意的事。

1. 表面光滑且覆蓋緻密的黏液，是鮮魚的第一要件。

關於這一點，可以直接觀察整條魚的鱗片覆蓋率。我剛開始認識魚的時候，一直覺得魚的黏液是很神祕的東西。黏液能夠阻絕並攻擊會導致疾病的病原體，提供魚兒保護。當含有病原體的舊黏液層脫落後，會有新的黏液層取代，病原體就會消失。若在魚身上觀察到損傷或瑕疵，都可能意味著處理不當、長期直接接觸冰塊，或是溫度控制不穩定。

2. 魚眼是決定於魚是否健康、新鮮的關鍵因素。

魚眼看起來應該圓鼓鼓的，稍微比頭部凸一點，而且看起來濕潤、明亮且清澈。然而有些時候，一條在其他各方面看起來都很漂亮的魚，可能有混濁、霧濛濛的眼睛。這主要是魚在捕獲後冷凍速度太快所導致。

註：如果你在市場看到一條魚的眼睛比頭部高出許多，請放心，牠沒有任何問題。這是氣壓性傷害所造成，也就是說，深海魚在很深的地方被捕獲，當牠被帶到水面後，壓力的巨大變化導致眼睛（往往也包括胃部）在視覺上顯得比其他物種更突出。

3. 新鮮的魚不應該有腥味。

由於不是每個供應商或魚販都會允許你觸碰他們展示的魚，所以最好還是靠鼻子聞。即使是我以乾式熟成手法處理放了多至二十天的魚肉，也幾乎不帶任何氣味。魚的唯一氣味應該是淡淡的海水味，有時可以說是礦物質造成的氣味，例如黃瓜或歐芹莖的氣味。如果一條魚聞起來有「腥味」（參考第78頁），比如像氨水或血液氧化的味道，那麼最好不要吃。因為，無論你有多少烹飪天分，想要去除魚的腥味，幾乎是不可能的。

觀感問題
鬚鯛（red mullet）

講到顧客對魚的偏見，鬚鯛是個很好的例子。在消費者眼裡，不用詢問就已經得到結論，大多數的人認為，牠是一種烏魚，所以必然有土味，而且吃起來很「腥」，就跟從小到大吃的一樣。然而，實際狀況恰好相反，如果知道鬚鯛的飲食含有大量甲殼類，那麼我們就會知道，這種魚的味道會讓人聯想到龍蝦、螃蟹或明蝦。買魚時與處理或銷售人員交談，將有助於引導你走向正確的方向。

4. 帶虹彩的鮮紅色魚鰓，是魚新鮮度的保證指標。

魚的身體機能會迫使水通過鰓，在那裡流經許多微小的血管。氧氣通過這些血管壁，進入血液中，二氧化碳則在此被釋放出來。鰓越紅，魚就越新鮮。如果說魚體表有黏液、溼潤是理想的標誌，那魚鰓的部分則應該稍微乾一點，而且沒有任何殘骸。

未經熟成的新鮮鰹魚的鰓。

5. 如果是冷凍魚，應觀察是否有凍傷或結晶。

如果看到凍傷或結晶，表示魚被解凍後再次冷凍，這會影響品質。總的來說，就味道與口感而言，如果沒有新鮮撈捕的野生魚，那麼新鮮的養殖魚往往會比冷凍魚更優質。然而，如果你決定選擇冷凍魚，那麼你應該要知道，有些魚種比其他魚種更適合冷凍 —— 脂肪較少的白肉魚，如真鯛和鱈魚（cod），在冷凍後通常會變得比較乾，但是脂肪較高的魚種，如鮪魚（tuna）和橢斑馬鮫（Spanish mackerel），即使冷凍也應該沒什麼問題。

乍看之下，這些有關魚新鮮度的要點，似乎與我們在魚鋪和聖彼得餐廳進行的魚肉熟成相悖（參考第29頁），但是若要讓熟成魚肉發展出深刻獨特的風味與口感，就必須先找到特別新鮮的魚肉，好好處理，才有可能達到最佳效果。

最後來講一下永續性。魚類永續性的話題讓家庭料理者與專業廚師都感到困惑。我認為，永續性是一個需要三管齊下的話題。首先，需要了解魚種的種群狀況（這個資訊可以向在地漁業機構取得）。其次，需要了解撈捕的漁民採取什麼作法，是用人型拖網捕魚，或是用魚線一隻隻釣？最後，應該在廚房裡減少浪費，這可以從仔細處理與漁獲儲存來達成，以最大限度延長保存期限，並且使用包括內臟在內的整條魚。這一點我們將在接下來的內容中繼續探討。

●

乾式處理

如果你購買的是整條魚，請店員在不用水洗的狀況下去鱗和去除內臟。如果被拒絕，那麼最好自己在家動手進行這些步驟。一般人以為，在家裡去除內臟和去鱗會導致魚腥味好幾個禮拜都不散，但其實如果處理得當，會比已經用自來水洗過、包在塑膠袋裡帶回家的魚來得不腥臭。

儲存與乾式熟成

「新鮮的最好」似乎是在說到魚的時候最常被提及的說法。事實上，大多數人之所以喜歡吃船釣鮮魚，是因為牠幾乎沒什麼腥味。

如同剛宰殺的牛，新鮮捕獲的魚幾乎沒什麼特殊味道。然而，如果以乾式熟成來處理牛肉，你可以藉由減少水分與分解動物蛋白質中的酶來提升牛肉的味道與緻密度。同樣的道理也適用於乾式熟成處理的魚肉：雖然這裡的願望並不是要像紅肉類那樣破壞結締組織，而是要減少魚體內不必要的水分，以提升風味。魚肉乾式熟成的作法如同牛肉一般，同樣必須控制環境，密切監控溫度與濕度。

魚的最佳儲存條件與乾式熟成的條件相同，這也是為什麼儲存與乾式熟成可以同時進行——採用乾式熟成處理，你可以將精心挑選的魚保存更長的時間。有些魚不適合乾式熟成，但是以乾式熟成的模式作為儲存條件來儲藏，也能帶來益處。

無論是為商業環境接收一箱箱漁獲，或是從市場或商店帶幾條魚回家，以儲藏為目的所進行的處理步驟都是一樣的。

首先，得先找沒有用自來水沖洗過的魚。理想情況下，你的魚最後一次接觸到水，應該是牠離開海洋前。在整個處理過程中，都應該保持這個狀況。不過，在市場裡，魚在去鱗去內臟的過程中，通常都會進行沖洗（考慮到市場裡處理的數量，這似乎是一種商業需求）。因此，我建議自行動手給魚去鱗去內臟。

去除鱗片

小型魚類如沙鮻（sand whiting）、水針魚（garfish）、鯡魚（herring）等都可以利用小刀、小頭刮魚鱗刀或湯匙等工具去除鱗片。

1. 將刮魚鱗刀從尾部往頭部輕刮，有條不紊地繞著魚的身體進行，力道只要足以刮除鱗片即可。（為了減少魚鱗四處飛濺，你可以在乾淨的垃圾袋裡處理。）

2. 動作一直持續到確定所有鱗片都被去除為止，然後用紙巾將魚和砧板擦乾淨。

至於體型較大的魚（與餐盤差不多大小或更大），如果刀工夠好，可以用刀將魚鱗切掉。

1. 從魚尾開始處理，刀身與工作檯平行，將刀緊壓在魚鱗和魚皮上。

2. 刀子微微傾斜，讓刀身插入魚鱗與魚皮之間，然後前後移動，開始將魚鱗一長條一長條地切下來。目的是要移除魚鱗，同時留下完整的魚皮。剛開始做的時候，可能會刺破魚皮，讓魚肉露出來，此時不要驚慌，只要調整刀的角度，繼續處理即可。去掉的魚鱗可以留下，應用在其他食譜中（見第69頁）。

以這種方式處理所有大型魚類的好處是：用刀子或刮魚鱗刀移除魚鱗時，魚鱗會從它們原本位置中的「小孔」中被扯下來。當魚經過清洗時，這些小孔會吸取並保留水分，造成烹調的困擾。而將魚鱗切掉可以保留魚皮，如此魚皮在儲存過程中可以作為保護的屏障。以這種方式處理的魚，也更適合煎煮，可以烹調出魚皮酥脆的口感。

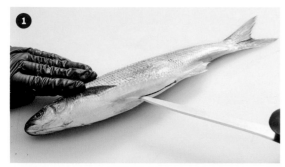

去除內臟

我相信，只有打算把魚儲藏起來（因為如果不去除內臟，魚很快就會變質），或是你想使用內臟（我強烈建議你採用這個作法），才有必要替魚去除內臟。對片魚排很有經驗的廚師來說（見第47頁），如果打算直接把魚處理成魚排，就沒有必要去除內臟。但在切魚排的時候，要小心刀子不要刺破內臟。因此，對經驗不足的人來說，取魚排之前先去除內臟，可能會讓整個過程更容易些。

1. 去除魚內臟時，請先用一把較鋒利的刀，從魚的肛門處往前將魚腹劃開。處理時只用刀尖，一直往前劃到魚領下方的魚鰓處。

2. 魚身打開後，仔細將位於魚鰓與魚下巴前後的膜分開。

3. 用雙手把魚身完全打開，露出內臟。

4. 將魚鰓朝尾部方向拉下，魚的所有內臟都可以全部一起移除，不會弄得一團混亂。正確完成操作，應該可以將魚鰓高放在砧板上，下頭連著內臟。

5. 用紙巾將魚的體腔和魚皮擦拭乾淨。並將內臟另外保留（見第63-75頁）。

●

實驗乾式熟成

經過完美熟成的魚肉應該是濕潤多汁的，為消費者提供「新鮮」的品質。像是欖斑馬鮫、鮪魚與旗魚（swordfish）等魚種都非常適合長時間熟成。牠們有很高的脂肪含量且由緻密的肌肉組成，這兩個因素都有利於長時間乾式熟成。質地稍微較鬆散的魚，例如印章魚、白鯛魚（bream）或鰈魚（flounder）等，可能只需要四到五天就能達到最佳的味道與口感。除此之外，其他魚種的熟成效果就不是那麼好，如肉質細緻的沙鮻（whiting）、鯡魚、白腹鯖（slimy mackerel）等，有時趁新鮮享用是最好的。原因在於這些魚的脂肪含量不高，水分含量也低，因此長時間熟成會導致水分過度流失。

由於熟成魚肉時有很多變數，最好是每天將魚肉切一小塊下來品嚐，藉此了解冷藏系統的效能，或是特定魚種對熟成條件的耐受性。特定魚種可能在進行熟成期間達到多次美味高峰，只有藉由每日品嚐，才能了解這些高峰會在何時出現。有關商業乾式熟成的資訊，請參考第247頁附錄。

經過熟成的長鰭鮪魚；第20日（左），第3日（右）。

儲藏

去鱗片、去內臟，而且不沾水之後，魚就可以儲藏起來了。儲藏方式取決於魚的大小與你的冰箱，必須考量的關鍵原則是：

- 低溫：最好是在攝氏-2度到2度之間（華氏28至36度），在這個溫度範圍以外的話，魚肉會迅速變質。

- 低溼度：儲藏環境不能讓魚皮受潮是很重要的。乾燥的魚皮是煎煮出酥脆魚皮的關鍵。

- 防止魚皮接觸平面造成的「出水」現象：如果魚皮長時間與平面接觸，則會有出水現象。將魚放在托盤或盤子上，都會在下面形成一灘水，那都是魚身釋出的水分。這些水分會加速變質，產生「腥味」。為了避免這種情況發生，在儲藏時，大魚應用掛肉尖鉤掛起來，小魚和魚排則放在不鏽鋼洞洞盤上。

- 防止脫水變乾：魚肉未經覆蓋、直接放在風扇運轉的冰箱裡，很快就會脫水變乾，最後變成「肉乾狀」。

在家裡，我一般會在買魚後兩天內烹煮。在這種情況下，較明智的作法是在儲藏之前就片出魚排（參考第39頁），尤其是在冰箱空間有限時。你要避免的，是魚排因為冰箱風扇的運轉而脫水變乾，不過也得防止魚片因為浸泡在自己釋出的液體中而加速變質。為了避免上述情況發生，儲藏魚排時可以讓魚皮朝上，放在金屬網架上，再置於托盤或盤子上來接住滴落的液體。金屬網架通常不是不鏽鋼材質，所以，為了防止網架與魚肉發生任何反應，可以在中間墊一張戳洞的烘焙紙，將網架和魚排隔開。為了避免魚肉脫水變乾，應將魚肉儲藏在抽屜式冷藏（crisper），不要覆蓋。（如果你跟大多數人一樣，抽屜式冷藏裡放滿了蔬菜，則可以用保鮮膜鬆鬆地蓋住魚肉，以防止魚肉置於冰箱冷藏槽中而脫水變乾。）

無論選擇直接置於抽屜式冷藏，還是加上保鮮膜，在烹飪前都應慢慢把魚皮弄乾 —— 將未包覆的魚肉直接放在冰箱冷藏槽內2小時，或是直到魚皮乾燥為止。

如果要存放超過兩天，請連魚骨一起儲藏。這樣可以減少水分直接接觸魚肉的機會，將細菌滋生的情形降到最低。首先，選一條可以整尾放入冰箱的魚。替魚去鱗去內臟。最好將魚頭和魚領一起切掉，並馬上使用（見第40頁），因為這些部位在經常開關、溫度波動較大的家用冰箱中無法適當地熟成。將魚放在一個洞洞盤上，然後放入蔬菜抽屜式冷藏裡，把通風口打開。如此，魚就能保持在最低溫度，也不會完全脫水變乾。每天將魚從冰箱中取出，用紙巾仔細擦拭表面，去除凝結在魚皮或體腔內的水分。若冰箱是直冷系統，倚賴冷卻盤管而非風扇來降溫，那麼可以將體型較小的魚直接用掛肉尖鉤或束線帶吊掛在冰箱層架上。

將魚視為肉品

肉類在世界各地都被視為理想的蛋白質。無論是草飼還是穀飼，我們似乎天生就能欣賞牠，也能夠看到牠的價值——這表現在照顧動物的農民身上、在把不同部位的肉熟成到近乎完美的成熟狀態的肉販身上，也在精心燒烤並切割的廚師身上。近年來，屠宰經改造以後，為肉類平添魅力，並賦予這種相對昂貴的食材一種奢侈感。

魚的情況就不一樣了。除了少數例外，魚店仍然是相對潮濕、冰冷且臭氣熏天的，並不是能讓人愉快交流的地方。然而，並沒有什麼確切的理由，讓這兩種肉品受到如此不同的對待——畢竟，魚和哺乳動物一樣，都擁有脊椎骨（或脊柱），而且基本上與哺乳動物具有相同的骨骼系統與器官。

以對待陸上肉品的相同方式來思考魚，讓我非常樂在其中，這也是我讓魚鋪誕生的原因——希望能創造一個能賦予魚肉一絲迷人氣息、讓顧客能用不同方式與之互動的地方。在這裡，你可以要求以特定順序剔骨切割魚肉，架上的魚肉更是已經經過熟成處理，且有其風味與口感，你更可以和工作人員互動，以深入了解魚肉來源與最佳的烹飪方法。

這種對魚的思考方式，源自於我剛開始在餐廳自己寫菜單的時候。那段時間裡，有時會出現一些我從未處理過的魚。我會盡我所能地烹調，然後決定將牠歸納到哪種肉類類別，是羊肉、牛肉、豬肉、雞肉、野味還是內臟。以這樣的方式來替魚分類，使我對配菜的考慮更周全，也拓展出煎煮以外的烹飪方式。

將魚視為一般肉品，也讓我能運用處理肉的各種手法，如乾式熟成（第 29 頁）與醃製煙燻（第 57 頁）等，以提升風味與口感——這些都是不斷追求卓越的方法，但其中牽涉的變數非常多。內臟的處理也是一個未開發的領域。不過，不斷變化的變數，有時比食譜本身更難克服。

最後，我想說的是，如果完全以處理肉品的方式來處理，也不是明智的作法。有很多次，我嘗試以肉類烹飪手法來料理魚，用了太多調味料，或烹調溫度太高，這兩種方法都可以被肉類蛋白質所容忍，但是質地細緻的魚就沒辦法。所以這裡的重點是，「以魚為肉」是一種不同的思考方式，但目的只在藉此挖掘出每條魚身上的潛在優點。

左圖：熟成20天的黃鰭鮪（yellowfin tuna）。

魚類加工基礎須知

屠宰：宰殺動物並加以處理作為肉品出售的工作。

交易商：指特定商品的經銷商或商人。

當魚鋪開張時，有些人因為不知道我要如何處理魚，而感到困惑。對我來說，我只把魚當作肉的思維來做延伸 —— 魚的呈現可以以獨特的方式來切割與處理，如此，看起來也比顏色統一、無皮無骨的魚排來得更有吸引力。

「屠宰」這個詞，帶有血、骨與肉的言外之意。將這個字與魚聯結起來，有助於引發新的思考 —— 無論是我們切魚的方式、在零售環境中裝飾呈現的方法，甚至是魚肉菜餚的擺盤方式。透過這種思考，我一直以特定方式看某些魚身部位，對我反而成了新鮮事，而其他忽略的部位也被賦予了更多的價值。

例如，合在一起的魚頭和魚領（見第40頁），在魚全身佔了很大部分。燒烤魚頭和魚領，在餐廳廚房裡已經相當普遍，因為這些部位很美味，而且也不需要大費周章，魚頭可以整個下去烹煮，或是切成兩半立在炭火上或在炭烤鍋裡烹煮。將這些部位和同一條魚的魚排一起盛盤端上桌，感覺很大方，而且食客還可以體驗到一條魚身上完全不同的口感與風味。

我們在魚鋪與聖彼得餐廳的工作過程中，始終以顧客為本，考慮到顧客與最終產品互動的方式。是的，我們鼓勵每一個人去嘗試魚內臟，並選擇更多樣化的種類。同時，也試著盡可能地消除魚肉帶來的不便，無論是替魚排去除細刺，或是替蝴蝶切的去骨斑似沙鰺沾上麵包粉等。

在開始替下一條魚去鱗、去內臟和切片之前，試著先想像一下一條魚所帶來的所有潛在機會。它們都可以藉由「一條魚」來實現，所以請隨著我們一起，了解魚類的新烹飪解剖學。

關鍵工具

在處理一整條魚的時候，最重要的是選擇適合的刀具。首先，是扔掉所有有彈性的刀子，投資幾把品質優良、強韌、順手且非常鋒利的刀。如果你發現自己在從大魚身上切下魚排的時候會用到身體的重量，那麼可能得把刀子磨一磨。在處理魚的過程中，鈍刀會增添難度與危險，更不用說它可能會讓你花上十倍的時間。

面對重量超過1公斤（2磅3盎司）的魚，我偏好切掉魚鱗（見第30頁），因為這樣可以除去不必要及可能加速魚肉變質的表面水分，也讓魚身外露的表皮更容易乾燥，從而提高煎烤出酥脆魚皮的機會。這個動作會需要一些練習，因為作法得將刀刃插入表皮與魚鱗之間，然後輕輕鋸切，從魚尾到魚頭逐條將魚鱗切下來。

去除魚內臟時，要使用刀身較短的刀，避免因為刀子太長而刺破內臟。在這個過程中，另一個有用的工具是一把鋒利的剪刀 —— 有時魚鰓周圍的硬骨與軟骨比較難用刀子切穿，對大魚而言尤其如此。

魚類頭部解析

紅條石斑（coral trout）的頭（熟成3日）。

1.	頭部	6.	下頜垂肉
2.	喉	7.	魚領
3.	顴板	8.	上顎
4.	眼	9.	頰
5.	下頜	10.	舌

全魚解析

美洲石斑（bass grouper，熟成2日）。

1. 鱗
2. 上唇
3. 舌
4. 上（魚）唇
5. 下頷
6. 眼
7. 頰
8. 下頷垂肉
9. 帶骨下頷垂肉與頰
10. 魚領
11. 喉
12. 心臟
13. 骨髓
14. 血液
15. 肝臟
16. 脾臟

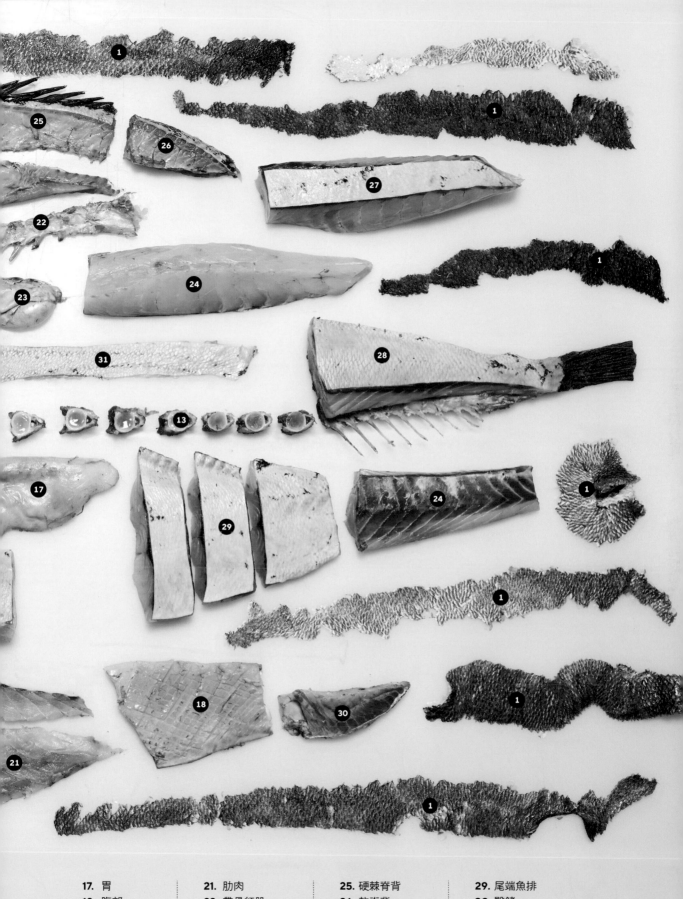

17. 胃	**21.** 肋肉	**25.** 硬棘脊背	**29.** 尾端魚排
18. 腹部	**22.** 帶骨紅肌	**26.** 軟脊背	**30.** 臀鰭
19. 前軀架	**23.** 魚鰾	**27.** 中段里肌	**31.** 魚皮
20. 中腰魚排	**24.** 上部里肌	**28.** 後軀架	

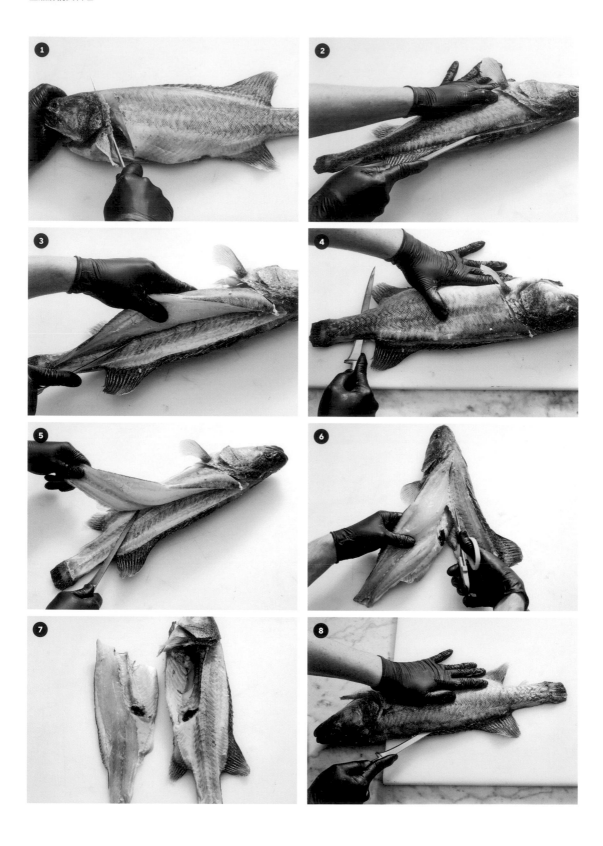

剔骨

要下第一刀時，將魚腹朝向自己，魚頭朝左（如果你是左撇子，則魚頭朝右）。

1. 將胸鰭往外拉，在胸鰭後面劃一刀，將胸鰭與魚排分開，然後沿著頭部後方切開，直到碰到骨頭。如此操作，可以有效將魚領和魚排分開。

2. 將魚翻到魚腹離你較遠的位置（頭部在右尾部在左），然後從頭部上方開始，沿著魚背往後，順著魚排的長邊一直切到尾部。

3. 將刀子向著脊骨方向傾斜，沿著肉與骨頭連切處一次次劃下，將魚排打開，直到刀子碰到中間突起的脊柱。

4. 將刀子平貼在脊柱上，將刀尖推到魚排的另一側。待刀尖從另一側伸出，壓住脊柱，便順著往尾部切，將尾部與脊柱分開。

5. 抬起尾部，露出肋骨。

6. 用廚房剪刀將肋骨剪開，一直到劃下第一刀的位置。

7. 此時，你可以把第一塊魚排移開了。

8. 把魚翻面，再一次將魚腹朝向你的前方，頭部在左。讓魚頭垂掛在砧板邊緣，並讓魚平躺（如此才能切得更均勻，保留更多魚肉）。重複第一刀，然後沿著背部切開到肋骨處，用刀子壓住肋骨，藉此引導刀子的方向，朝魚刺切去。

9. 將刀子轉個方向，以脊柱為引導，將肋骨切開，慢慢把魚排剝下來。

10. 用剪刀將第二塊魚排從骨架上剪下來，並以紙巾擦拭乾淨。

註：這裡用來示範切魚排的魚是經過熟成處理的墨瑞鱈（Murray cod，熟成7日）。

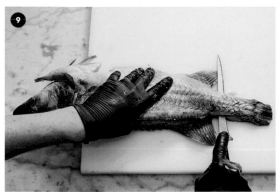

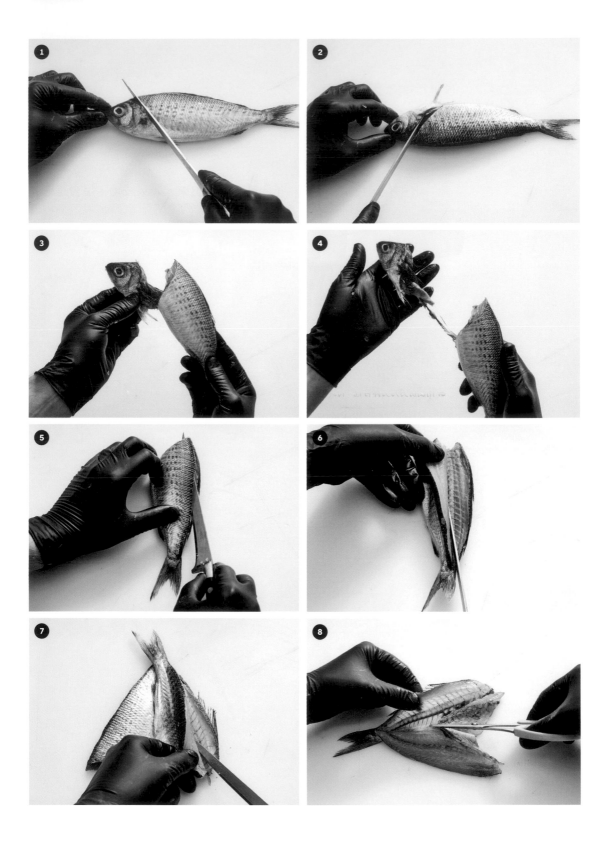

蝴蝶切

假設你是右撇子（不是的話，就把方向反過來），將魚以頭在左尾在右的方向放在砧板上。

1. 先在魚頭後方以平行於翅骨的方向斜切一刀。

2. 將魚翻面，重複上一步的切法。

3. 當這兩道刀口連起來時，將魚頭輕輕從脊柱上掰下拉開。

4. 把魚頭拉開時，請將魚內臟一起拉出來。如果成功，這會是個能快速且乾淨地清除魚內臟的方法。為保持魚肚完整，以這種方式清除內臟是很重要的。

5. 用刀沿著魚背從頭往尾部劃開至脊柱處，切的時候應沿著骨頭的一側切開。

6. 再次往下切，加深最初的切口，小心地把全部切開（但不要刺破魚肚），將魚身打開，保持尾部完整。

7. 將魚轉個方向，讓魚尾朝向前方，然後在脊柱的另一側重複同樣的動作。

8. 用廚房剪刀剪掉脊柱，得到一條尾巴完整、呈風箏形狀的魚。用魚骨鑷子去掉魚刺與肋骨。（另一個作法是用鋒利的小刀移除肋骨，作法因魚種而異。）

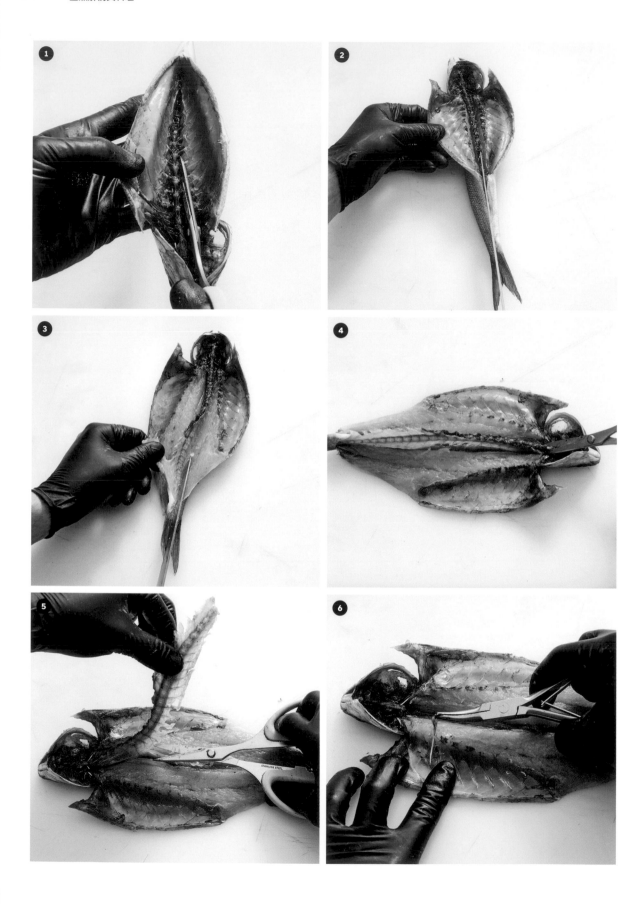

倒蝴蝶切

在嘗試這種方法以前，應確保魚已按常規去鱗去內臟。將魚放在你面前，頭離你最近，尾巴離你最遠。

1. 使用鋒利的廚房剪刀，開始沿著脊柱左側剪開，將肋骨與脊柱分開，剪到肛門位置便停止。接著，沿脊柱右側重複此步驟。這個動作可以為下一個用刀切割的步驟提供清楚的軌跡。

2. 現在，將魚轉個方向，讓魚頭轉至離你較遠的一方。使用鋒利的小刀，順著脊柱旁的剪刀口往下劃。

3. 在另一側重複上一步同樣的動作。

4. 當這兩個切口在尾部相遇時，用廚房剪刀剪掉尾巴，然後再從頭部後方與脊柱相連處剪下去。

5. 小心地將脊柱從魚皮上拉下來，確保支撐著周圍的肉，這樣才不會造成撕裂或損壞。

6. 用魚骨鑷子去除魚刺與肋骨。（另一個作法是用鋒利的小刀移除肋骨，作法因魚種而異。）

醃製

在處理像魚這種容易變質的蛋白質時，很重要的一點是要了解需要用上哪些保存方法才能防止浪費。幾世紀以來，魚的醃製一直被看作是能避免浪費的一種保存方法，主要功能是透過滲透作用將食物中的水分吸走。

在魚鋪，我們用醃製的方式為那些比較不受歡迎的部位帶來價值。無論是魚心、脾臟、肉不多的魚腩，或是那些在第一到第三天非常適合生吃、但很快就失去光澤的小魚。由於我們的處理量大，沒必要為了醃製而特別進行採購。通常是在將需要的新鮮部位切下後，再將其餘無法呈現出我們想要的樣貌的部位，做成醃製品或加工品。

我很幸運，在開設魚鋪的時候能請到保羅・法拉格（Paul Farag）。保羅有多年的餐廳廚師經驗，曾在雪梨與倫敦的幾間頂尖餐廳任職。我第一天和他談到是魚鋪的合作時，他有點猶豫，因為他之前的經驗與訓練主要是以肉品為主，但是我覺得這對於我想要實現的目標其實是個非常大的優勢。

在產期高峰醃製當季魚類，是讓時間暫停在特定時刻的方法，如此便能獲得更佳的成果。只要記住，一定要在最嚴格的衛生條件下，處理生魚和醃製魚，任何時候都要戴上拋棄式手套來處理魚，並確保使用消毒過的容器來儲存。

左頁：風乾月魚（moonfish）頰肉。

保羅的香料醃漬帶骨旗魚

這道絕佳的醃旗魚是保羅・法拉格很早就在魚鋪開發出來的一道菜，它展現出保羅的創造力與完美無瑕的技巧。如果找不到紅肉旗魚（striped marlin），可以用鮪魚、長鰭鮪魚（albacore）、劍旗魚（swordfish）、旗魚（spearfish）或月魚代替。應用這個特殊配方時，我建議使用魚的下半身。請魚販從肛門下方切下去，如此留在骨上的肉就不會有魚刺（同時，這段魚肉的形狀也狀似火腿，因而英文命名有「ham」一字）。

可製作3.5公斤（7磅12盎司）

3至4公斤（6磅10盎司至8磅13盎司）紅肉旗魚尾

醃製用鹽水

400公克（14盎司／1⅓杯）細鹽
8公升（260液盎司／32杯）冷水

醃製用材料

10公克（¼盎司）葫蘆巴籽
10公克（¼盎司）小茴香籽
20公克（¾盎司）黃芥末籽
20公克（¾盎司）薑黃粉
200公克（7盎司／⅔杯）細鹽
70公克（2½盎司）（細）砂糖
2公克（½小匙）硝酸鹽

剝魚皮時，用一把鋒利的小刀沿著魚的邊緣將魚皮劃開，然後從右到左，用刀刃慢慢將魚肉和厚魚皮分開。可以在魚皮上切幾個小口，幫助剝去尾巴外側的皮。

準備鹽水，將細鹽和水放在消毒過的塑膠容器中攪拌。將魚尾放入鹽水中，靜置三天。

在第四天，將完整的香料放入平底鍋內，以小火烘烤1分鐘，或直到發出香氣，然後將香料放入香料研磨器，或用杵臼研磨成粉。

將所有醃製用材料放入大碗中混合。將魚尾從鹽水中取出，拍乾後抹上由大量醃料研磨而成的粉末，然後放到一個鋪上烘焙紙的乾淨塑膠容器中。將一只大小適中的托盤放在魚的上面，用重物壓住，儲存兩週，每日替魚翻面。

當魚肉摸起來質地堅硬且外層均勻地染上薑黃色後，用細棉繩把魚尾綁起來，掛在風冷冰箱內，讓魚肉的風味繼續發展。另一個可以達到類似效果的作法，是將魚尾放在金屬網架與托盤上，確保四周環境空氣流通即可。醃製過程需要至少四週，不過如果等不了這麼久，可以直接從魚骨上切下薄片，當作醃魚端上桌。

盛盤上桌時可搭配印度酸辣醬，或是放在吐司麵包上、撒上大量黑胡椒並淋上大量特級初榨橄欖油。

在家醃製

在家進行醃製時，六成鹽四成糖的醃製比例，適用於大多數魚種。將1.2公斤（2磅10盎司）食鹽、800公克（1磅12盎司／5⅓杯）糖、1大匙烘焙過的茴香籽與1大匙烘焙過的芫荽籽放入大碗中混合。存放在乾淨的梅森罐（玻璃密封罐）或塑膠容器中。為了達到最佳效果，每公斤（2磅3盎司）去骨魚肉使用200公克（7盎司）的醃製調料。將醃料塗抹在魚肉上，然後將魚肉放在乾淨的深餐盤裡。醃製過程中萃取出來的液體會形成鹽水。每天替魚肉翻面一次，持續三天，直到魚肉完全變紮實為止，再把魚肉放在紙巾上稍微弄乾。用刀背輕輕刮去魚肉表面的汁液，然後切成薄片享用。另一個作法，是將水分瀝乾後，將香料或其他調料如香草、香辛料、甚至咖啡粉等抹在魚肉上，添加另一層風味。假使你醃製的是帶皮魚肉，也可以用燒烤或鍋煎的方式料理（見第131-175頁）。

煙燻劍旗魚

這道煙燻劍旗魚食譜，非常倚賴魚肉的品質，因此務必尋得最優質的劍旗魚肉。在醃製肉品時，肉品脂肪含量越高，味道越好。品質最佳的劍旗魚有非常多的肌肉內脂肪，非常適合這種製備方式。醃製用料混合後可以製成 140 公克（5 盎司）的調料成品。建議的用量是每公斤（2 磅 3 盎司）劍旗魚里脊使用 120 公克（4½ 盎司）醃料。

可製作 800 至 900 公克（1 磅 12 盎司至 2 磅）

1 公斤（2 磅 3 盎司）A+ 等級的劍旗魚里脊或腹脅肉，切成 4 塊重 250 公克（9 盎司）的角柱狀
2 塊 14 公克（½ 盎司）浸泡過的山核桃木屑或櫻桃木屑

醃製用材料
40 公克（1½ 盎司）（細）砂糖
80 公克（2¾ 盎司／¼ 杯）細鹽
1 個八角茴香，稍微烘烤過後壓碎
15 公克（½ 盎司）百里香
¼ 小匙硝酸鹽
1 大匙稍微烘烤過後壓碎的黑胡椒
1 片新鮮月桂葉，切碎

將所有醃製用材料放入乾淨的碗裡混合。將醃料抹在劍旗魚上，完全覆蓋表面，然後將魚肉放入鋪上烘焙紙的不鏽鋼調理盆或乾淨塑膠容器裡。用烘焙紙蓋起來，放入冰箱。放置七日，每天替魚肉翻面。

魚肉醃好以後，從料理盆裡取出，用紙巾拍乾。

按自己想要的煙燻程度，將魚放入煙燻爐裡冷燻 40 至 45 分鐘。另一個作法，是在雙層蒸鍋的上層鋪上鋁箔紙，在底層放入浸泡過的木屑，藉此進行冷燻。

將魚肉從煙燻爐中取出，用棉繩將魚肉綁起來，再掛在鉤子上，放入風冷冰箱晾乾三至五週。完成以後，可以掛在鉤子上保存，或是切片後放入密封塑膠容器中保存。

醃劍旗魚可以切成薄片，當成冷盤醃肉享用，類似煙燻鱒魚（smoked trout），或是切成小條，放入平底鍋煎至焦糖化，是豌豆與萵苣的最佳搭配。醃劍旗魚的運用是沒有限制！

煙燻醃褐鱒

褐鱒是一種絕佳的食用魚，也是一種沒有得到足夠重視的魚。在這則食譜中，我們用淺褐色砂糖與烘焙過的咖啡進行醃製，藉此賦予濃醇的風味。將這款煙燻醃褐鱒與好的裸麥麵包、有鹽奶油和西洋芹搭配，這種不受重視的魚會被轉化成能夠與最優質煙燻鮭魚產品相媲美的美味。

可製作 1 公斤（2 磅 3 盎司）

1 公斤（2 磅 3 盎司）帶皮的去骨褐鱒魚排
1 至 2 塊 14 公克（½ 盎司）浸泡過的蘋果木屑

醃製用材料
½ 小匙烘焙過的優質未研磨咖啡豆
55 公克（2 盎司／¼ 杯）細鹽
40 公克（1½ 盎司／¼ 杯）深色紅糖

將咖啡豆放入臼中用杵輕輕壓碎。不要把咖啡豆磨成粉末，否則咖啡的味道會過於凸出。將壓碎的咖啡豆與鹽和糖充分混合。

將醃料均勻抹在魚排上，包括魚皮也要，然後將魚排放入不鏽鋼調理盆或乾淨的塑膠容器中，魚肉面朝下，蓋上烘焙紙並放入冰箱冷藏。放置三日，每天將魚肉翻面。

當魚肉觸感紮實，乾調料已經轉變成入味的鹽水時，便可取出魚排，用小刮鏟輕輕刮去殘留的鹽水。

按自己想要的煙燻程度，將魚放入煙燻爐裡冷燻約 30 分鐘。另一個作法，是在雙層蒸鍋的上層鋪上鋁箔紙，在底層放入浸泡過的木屑，藉此進行冷燻。

將魚肉從煙燻爐中取出，放到不鏽鋼調理盆或容器內的金屬架上，不加蓋冷藏一夜。

隔天，將鱒魚從尾部到頭部切成薄片，在室溫下盛盤上桌，搭配優質裸麥麵包、西洋芹與有鹽奶油。

醃月魚頰肉

在開發這則食譜的時候，得知月魚是一種溫血動物，這讓我們對牠非常感興趣。牠靠近魚鰓與魚頭周圍的肉顏色非常深，與牛肉或鹿肉的顏色和質地相似。透過部分香料的調整，這種醃料能讓這個獨特魚種的深色肉風味更加完整。若無法取得月魚，這個配方也適用於大多數鮪魚和鬼頭刀（mahi-mahi）。為了獲得最佳口感，耐心是必要的條件。

可製作1.8至2公斤（4磅至4磅6盎司）

1塊2公斤（4磅6盎司）的月魚紅肉

醃製用材料

80公克（2¾盎司／⅓杯）（細）砂糖
160公克（5½盎司／½杯）細鹽
2個八角茴香，稍微烘烤過後壓碎
30公克（1盎司）迷迭香，切碎
½小匙硝酸鹽
2大匙稍微烘烤過後壓碎的黑胡椒
1大匙杜松子粉
½小匙現磨肉豆蔻
2片新鮮月桂葉，切碎

將所有醃製用材料放入乾淨的碗中混合均勻，然後將醃料塗抹在魚肉上，讓表面完全被醃料覆蓋。將魚肉放在鋪上烘焙紙的不鏽鋼調理盆或乾淨塑膠容器內，蓋上烘焙紙後冷藏。放置七至十日，每天替魚肉翻面。
完成醃製以後，將魚肉從調理盆內取出，用紙巾拍乾。
用棉繩將魚肉綁好，掛在鉤子上，放入風冷冰箱晾乾四至六週。完成後，可以掛在鉤子上存放，或是切片後放入密封塑膠容器內儲藏。
這種醃製魚頰肉有個很棒的運用方式──切成細長條後放入平底鍋煎，再用來烹調義大利麵，代替培根蛋麵裡的培根。

煙燻野生黃尾獅魚

與本節中大多數食譜不同的是，這道菜需要的醃製時間短了許多。野生黃尾獅魚是我最喜歡的魚之一，尤其是在這樣的處理下。檸檬香桃、茴香與芫荽籽的運用凸顯出魚肉天然的酸味特質。其他帶有相同特質的魚包括鰤魚（amberjack）、馬鰤（samson）、小青鯐（hamachi）等。

可製作1公斤（2磅3盎司）

1公斤（2磅3盎司）帶皮去骨的野生黃尾獅魚魚排

醃製用材料

40公克（1½盎司）（細）砂糖
80公克（2¾盎司／¼杯）細鹽
1大匙茴香籽粉
¼小匙硝酸鹽
1大匙芫荽籽粉
1片新鮮月桂葉，切碎

調味料

2人匙檸檬香桃
1大匙現磨黑胡椒

將所有醃料放入乾淨的碗中混合均勻，然後抹在魚肉上，把魚肉完全覆蓋。將魚肉放入鋪上烘焙紙的不鏽鋼調理盆或乾淨塑膠容器內，蓋上烘焙紙，放入冰箱冷藏。放置三至四日，每天替魚肉翻面。
完成醃製以後，將魚肉從調理盆內取出，用紙巾拍乾。
將調料混合均勻。準備將醃魚肉端上桌時，先替魚肉抹上這些調料，再順著魚尾往魚頭的方向，將魚肉從魚皮上切下來。室溫享用。

魚下水

魚的價格早已不如以往便宜，魚肉加工的老手也越來越少。因此，在追求效率以及對數量而非質量的需求驅使下，我們似乎已經對研究魚類的加工潛能踩下煞車，滿足於一直以來的處理方式。

這種作法是極其浪費的。

身為廚師，大體上會知道，一條全魚能使用的部分大約為 40% 至 45% 之間。我無法理解為何這樣的使用率能被廣為接受？因此，與其閱讀無數食譜，了解可以應用在少少 40% 的許多烹飪方法與調味手法，我們更應該將注意力轉移到剩餘的大部分，這才是蘊藏最大烹飪機會的地方。

魚心、魚脾、魚血和魚鱗等，對我來說都非常陌生，直到我開了聖彼得餐廳，開始用類似於肉類食譜的方式來製備這些部分，才慢慢熟悉了起來。作為廚師，我們熟悉動物內臟以及其使用方式，在開發魚下水食譜之際，這些也是相當有用的技術。將魚心切成薄片然後串起來用炭火燒烤，對於這種因為脂肪含量低而容易乾澀，且太有嚼勁的器官來說，可以說是一種質地上的勝利；而魚血則可以做成美味的魚血布丁（血腸），風味上比大多數用豬血製作的黑布丁來得爽口。

有趣的是，餐廳開業三年來，顧客對魚下水的接受度越來越高。儘管讓人難以置信，不過，讓顧客開始著迷於這種滋味，這確實是分享魚下水的風味與營養潛能的一個好方法。我們想將它放在經常性供應的菜單上，但這樣的想法卻帶給我們一些壓力，因為，很可惜的是，由於魚這種食材的多變性，我們無法穩定供應這些菜餚。一條魚只有一個心臟、一個肝臟、一個脾臟、少量魚鱗，有些可能會有魚子或魚白。如果上述這些食材出現任何變色、瑕疵或損壞，無論需求為何，都無法被使用。

第一次在家嘗試運用魚下水，可能會讓人感到畏懼。我的建議是先從最基本的魚肝吐司（見第 160 頁）開始。下次去魚店或市場時，問問哪些魚肝品質最好，或是在哪個季節的魚肝最好。煎魚肝的最佳方法，就是像煎雞肝或鴨肝一樣，裡面應該是粉紅色且溫熱的，外層則為焦化的棕褐色。

膨化魚皮

膨化魚皮似乎相當普遍。有一次，我們在餐廳裡用了相當多的舒鱈（ling），這種魚的魚皮非常堅韌，如果在烹飪過程中留在魚肉上，幾乎不可能破掉。因此，我們把一整天處理到的魚皮都保留下來，把殘餘的筋肌碎肉全都刮掉，做出了這道菜。

魚皮都刮乾淨以後，把一鍋水加入一撮鹽，用大火燒開。一次處理一張皮，先用沸水燙20秒，然後用漏勺取出。燙過的皮相當脆弱，容易被刺破或撕裂，所以要小心地平鋪在鋪有烘焙紙的烤盤上。

當所有魚皮都燙過鋪平後，把它們放入烤箱中，將烤箱設定在最低溫，並用鑷子卡住烤箱門以保持微開，或者放入食物烘乾機裡，溫度設在攝氏85度（華氏185度）。魚皮完全變乾以後，可存放在密封容器或真空包裝袋內，以便稍後使用。

膨化魚皮時，取一只平底鍋，倒入半滿的葡萄籽油、芥花油（油菜籽油）或棉籽油，以中大火加熱到探針溫度計顯示油溫為攝氏185至190度（華氏350至375度）。非常小心地用小鑷子將魚皮放入熱油中，魚皮會在5至10秒內膨脹成三倍。迅速將魚皮取出，以免魚皮變色，否則味道會變苦澀。以大量食鹽調味後即可享用。

魚下水的基礎須知

挑選魚下水時，應使用處理時沒有過水而且沒有被放在血水桶裡的食材，否則會損及菜餚風味。從外觀上看，魚下水應該是乾淨、明亮、稍微濕潤的。它們應該沒什麼特別的氣味，觸感紮實，沒有變色、變軟或黏稠。

魚下水就如大多數動物內臟，應該在購買當天食用。冷凍魚下水的效果好壞參半。魚心、魚胃、魚脾與魚血的冷凍效果很好，不過像是魚肝、魚子與魚白等，按不同處理方法，在解凍後往往會散掉且略呈糊狀

魚眼酥片

這則食譜是聖彼得餐廳第一年廚房團隊的代表作，由才華洋溢的成員付出驚人的努力，所開發出的菜餚。我們一直以來都希望能為魚的每一個部位找到可口的用途。所有人都認為，蝦餅只是將蝦子和樹薯澱粉混合在一起，化作口感美妙酥脆、輕盈且滋味豐富的薄餅而已。因此，這種對蝦餅的思考讓我們做出了這種魚眼酥片。這裡使用的魚眼必須是最新鮮的，而且製作過程中一定要隨時戴著拋棄式手套。

可製作12大片

150公克（5½盎司）新鮮魚眼
100公克（3½盎司）槍烏賊眼
125公克（4½盎司／1杯）樹薯澱粉
芥花油（油菜籽油）或植物油，油炸用
食鹽與現磨黑胡椒

將魚眼與槍烏賊（calamari）眼放入果汁機內打成稀薄流淌的灰色液體，然後將液體過細篩，直到完全滑順為止。用橡皮刮刀拌入樹薯澱粉，攪拌成類似濃稠乳脂的質地。將麵糊抹在裁剪成適合蒸籠大小的烘焙紙上，再放入蒸鍋以沸水蒸煮10分鐘。

取出後，將其放在金屬網架上，然後放入烤箱，將烤箱設定在最低溫，並用鑷子卡住烤箱門以保持微開，或者放入食物烘乾機裡乾燥成片，溫度設在攝氏85度（華氏185度）。完全乾燥後，在平底深鍋內倒入一半的油，加熱到探針溫度計顯示油溫達到攝氏190度（華氏375度）。掰下一塊，放入鍋中油炸10秒鐘，直到膨脹成兩倍。烹調成果看起來類似蝦餅或炸豬皮。取出放在紙巾上瀝乾，然後以同樣的方式處理剩下的食材。

調味後直接享用，或是搭配生魚或海膽。

膨化魚鰾

膨化魚鰾的方法與膨化魚皮相同（見第64頁），主要差別在於，魚鰾從魚身上取出來以後，魚鰾的一側會先被切開，然後平鋪在你面前。

用麵團刮刀或刀子，小心將魚鰾背面刮乾淨，移去任何瑕疵或厚度不均勻處，讓烹煮時能大小一致。魚鰾不同於只需要短短下水燙過的魚皮，處理時應放入鍋中，倒入淹過魚鰾的水，並加入香料，如海帶、百里香、龍蒿、酒等。將液體煮沸，然後降低火候慢慢煨煮，烹煮時間可達20分鐘，煮到魚鰾完全軟化。所需時間取決於魚鰾大小與魚種。（目的在於讓沒有特殊味道的魚鰾變軟並賦予風味。）

小心從液體中取出魚鰾，然後平鋪在鋪有烘焙紙的烤盤上。放入烤箱，將烤箱設定在最低溫，並用鑷子卡住烤箱門以保持微開，或者放入食物烘乾機裡，溫度設在攝氏85度（華氏185度）。魚鰾完全變乾以後，可存放在密封容器或真空包裝袋內，以便稍後使用。

膨化魚鰾時，取一只平底鍋，倒入半滿的葡萄籽油、芥花油（油菜籽油）或棉籽油，以中大火加熱到探針溫度計顯示油溫達攝氏185至190度（華氏350至375度）。非常小心地用小鑷子將魚鰾放入熱油中，魚鰾會在5至10秒內膨脹成三倍。迅速將魚鰾取出，以免魚鰾變色，否則味道會變苦澀。以大量食鹽調味後即可享用。

魚下水XO醬

各式各樣的XO醬，每隔一陣子就會流行一次，我想，這是因為如果烹調得當，它們總能帶來大量的鮮味與美妙的口感。我在這則食譜中使用了鹽漬辣椒，這是為了減少XO醬偶爾帶有的強烈辣味。這款醬料適合搭配魚、烤肉、蔬菜與米飯。如果處理得當，放在密封容器或真空包裝袋裡，可以長時間保存，而且越放越好吃。

可製作700公克（1磅9盎司）

500毫升（17液盎司／2杯）葡萄籽油
150公克（5½盎司）青蔥，切成小丁
150公克（5½盎司）新鮮的薑，切成小丁
75公克（2¾盎司）大蒜，切成小丁
250公克（9盎司）鹽漬辣椒（參考下方註），切成小丁
75公克（2¾盎司）乾燥煙燻的魚心、魚脾與魚子，切成小丁（見第74頁）
75公克（2¾盎司）煙燻劍旗魚，切丁（見第60頁）
1大匙現磨黑胡椒
1大匙焙炒後磨碎的茴香籽粉

取寬底炒鍋或大平底鍋，倒入油以中火加熱，直到鍋內有淡淡的霧氣。蔥、薑、蒜下鍋，翻炒10分鐘，請持續拌炒，以避免食材上色太深。待蔬菜稍微變色後，加入鹽漬辣椒、乾下水、煙燻劍旗魚與香料，翻拌均勻，讓食材都沾上油。之後，將火轉小，繼續烹煮30至45分鐘，讓所有味道濃縮。（避免用鹽調味，辣椒會為這款醬汁帶來鹹味。）

將醬汁淋在煮熟的蔬菜、肉或魚上，即可享用。這是一款美味且獨特的調味醬，可以用於任何場合，甚至是早餐的炒蛋！

註：鹽漬辣椒是將辣椒切成兩半、去籽後放入岩鹽醃漬三至四週的辣椒，如此處理能中和辣味，並凸顯出辣椒的花香特性。

褐色魚高湯

我在撰寫這則食譜時，特意只寫下作法——因為我做高湯時向來都是使用當時手邊現有的材料。不過，這並不代表可以把高湯當成堆肥，把任何剩下的、處理不當的食材都丟進去。

要做出好的褐色魚高湯，應該要用同種魚，而不是混合使用。很重要的一點是——不要洗魚骨。對我來説，把魚架子（骨架）泡在水裡「清掉血水」或洗去雜質，這樣的舉動毫無邏輯可言，這只會稀釋魚骨架所擁有的任何特質與風味。

使用在冰箱中冷藏過一晚、稍微晾乾的魚架子，煮出來的色澤會更好，風味也會更佳，在煎煮時也不會沾鍋。大家總是對我説：要把魚眼切掉，因為魚眼會讓烹煮成果混濁不完美。但正是這種不完美與混濁，才能賦予高湯黏稠度、風味與個性。然而有些時候，我們需要的是清湯，這種時候則可以考慮去掉魚眼。將魚架子切成四五塊，可以最大限度地增加褐變過程中表面焦糖化的機會。

魚鰓會為高湯帶來苦澀味，應該丟棄不用。頭部下方凝結在脊柱上的血液可以用魚鉗或鑷子去除，然後用紙巾擦拭。

在寬厚底鍋裡放入足量酥油或味道中性的油，以大火加熱至鍋中出現淡淡霧氣。小心將魚架子（材料的80%）放入鍋中，不要重疊，也不要太擠。若有必要可以分批處理。將魚骨全部都煎到上色約需要5分鐘，之後便可取出備用。

保持大火，在鍋中加入蔬菜（材料的另15%），例如紅蔥頭、大蒜與西洋芹等，讓材料均勻沾上油，並將鍋底焦渣刮下來。加入任何硬香草*（hard herbs）與焙炒過的香料，如茴香籽、八角茴香或芫荽。

待蔬菜稍微上色並開始變軟後，將魚架子放回鍋中。接著，倒入足量清水，至剛好淹過材料的高度。

以中大火烹煮25至30分鐘，不要撈除浮沫，直到高湯濃縮到剩下一半，此時液體質地將會變得更濃稠，且帶有漂亮棕褐色。（這種不撈除浮沫的作法可能與你一直以來的作法恰好相反，不過浮到水面的雜質其實有很多味道；而我個人更喜歡不那麼清澈、更黏稠、味道更豐富的高湯。）

按傳統高湯製備方式過篩，或是用食材磨泥器研磨，再放入食物調理機裡打幾下，讓成品高湯能有更豐富的味道與更緻密的質地。你也可以加入少許奶油與一點檸檬汁，讓高湯乳化——此時，只要搭配一片溫熱的酸種麵包就能把湯的風味提升到更高的層次。

新鮮魚子在蔬菜製備的運用

魚子可以有許多不同的處理方式，但最常見的是鹽漬乾燥（可能還會煙燻）的形式，一般是磨碎或切片使用，將其放在溫熱的食材上，作為調味，並增添口感與大量鮮味。

多年前，我們的廚房每兩天就會收到雨印鯛，因為牠是菜單中極受歡迎的品項。有一週，我們收到的每一條雨印鯛都有滿滿的魚子，在短短三天的時間裡，我們就累積了超過5公斤（11磅）的魚子。我本想用鹽醃，不過最後我把卵巢的薄膜切開，把裡面的內容物刮出來——我得到的是真正的魚子本身。我將刮出來的魚子放入篩中，洗掉所有雜質。並在打蛋器的輔助下撈出薄膜——在這個階段使用打蛋器，讓我能把任何鬆散的薄膜撈出來，如果不撈出來，這些薄膜在烹煮時可能會結塊。最終，我得到的成果是數以百萬計的小魚子，它們可以被拌入任何東西，從燒烤玉米粒、奶油、高湯到蛋黃醬，或是加入魚派餡料裡。

---

* 譯註：冬季生長有木質莖的香草。

魚血黑布丁

製作魚血黑布丁（血腸），是因為我想要滿足自己為魚的每個部位找到最佳運用方式的願望。沒想到這竟然是我們創造過最美味的食譜之一。

可製作2條大血腸

3個法國紅蔥頭，切成小丁
25公克（1盎司）奶油
食鹽
¼小匙現磨肉豆蔻
¼小匙丁香粉
¼小匙現磨黑胡椒
150毫升（5液盎司）重（雙倍）乳脂鮮奶油
100公克（3½盎司／1½杯）新鮮的粗磨布里歐許麵包屑
100毫升（3½液盎司）魚血，取自新鮮捕獲的野生黃尾獅魚／鰤魚／櫛斑馬鮫（請避免使用氣味太濃重的鮪魚血）
80公克（2¾盎司）酥油

在平底鍋裡放入奶油，放入紅蔥頭，以小火炒煮出水分，直到它完全軟化，這步驟將耗時約5分鐘。接著，以食鹽調味，加入香料並繼續烹煮2分鐘，或是煮到香味飄出。此時，鍋子離火，倒入鮮奶油。靜置至完全冷卻。

加入布里歐許麵包屑與魚血，攪拌均勻。質地應類似濃稠的麵糊。調整調味。

拉出保鮮膜鋪平，先不要將保鮮膜撕開。將一半的布丁混合物在保鮮膜上抹成正方形，然後捲成香腸狀，儘量捲緊，裡面的空氣越少越好。以同樣的方式處理剩下的混合物，總共做出兩條血腸。

在單柄鍋裡注入一半的水，將水燒開，再將火轉小，水溫保持在攝氏80至85度（華氏176至185度），放入血腸，水波式泡煮25分鐘，或是煮到觸感紮實且完全熟透為止。

撈出血腸，放入冰水中靜置10分鐘，或至完全冷卻。然後小心移除保鮮膜，將血腸切成圓片，並用紙巾拍乾。

酥油放入平底鍋內加熱至鍋中出現淡淡霧氣。小心放入血腸圓片，切面朝下，每面煎約1分鐘至上色。起鍋後再次略加調味。將剩餘血腸煎完。

這款血腸的用途廣泛，可以和豬血布丁互換使用。由於使用乳製品和香料，味道非常溫和 —— 真要說起來，大概就是帶著一股淡淡的鰻魚味。

鹹甜鹹甜炸魚鱗

魚鱗是美妙的風味載體。在聖彼得餐廳的開幕菜單上，我們油炸了鬍鯛鱗片，用醋粉和茴香籽粉調味，然後撒在鹽烤南瓜上。在運用像是烤南瓜這種質地較軟的食材時，口感非常重要，若能仔細思考使用方式，魚鱗可以賦予美味且創意十足的口感。

取鱗片較小的小型魚，例如沙鮻、鯛、鬍鯛或牛尾魚，刮去魚鱗。將魚鱗放在小單柄鍋裡，注入淹過魚鱗的冷水，然後煮沸。重複這個過程五次，每次都用新的冷水。這個步驟不但可以清洗鱗片，也會讓成品的口感稍微軟一點。

同個時候，將2公升（68液盎司／8杯）芥花油（油菜籽油）倒入另一只鍋中，以中大火加熱。當油溫升至攝氏185度（華氏365度）的理想溫度時，確保燙過的魚鱗已完全乾燥。在魚鱗上面稍微撒上在來米粉。

待油表面出現淡淡霧氣，油溫達攝氏185度（華氏365度）時，小心地放入魚鱗炸5秒，炸到酥脆但還沒怎麼上色。用篩子濾油，然後放在紙巾上晾乾。以大量細鹽調味，置於乾燥處備用。也可以在這裡加入其他味道，例如茴香粉、七味粉、海苔末等。

在將魚鱗運用在甜味菜餚時，水煮到第五次時，將清水換成糖水比例60：40的溶液。如此，魚鱗上會沾上一層薄薄的糖衣，在油炸時會焦糖化，便可運用於甜點。

魚下水肋間肉串燒

要讓食物變得更鹹香、更帶煙燻味且更美味，炭烤可以説是萬無一失的方法。本書有不少關於魚下水的食譜，但這道串燒特別能為相當豐富的食材帶來煙燻味與優雅感。為了中和魚心、魚子、魚脾、魚肝或肋間肉的豐富滋味，每種食材都採用不同味道來調味。

1. 肋間肉佐發酵鯷魚醬（ANCHOVY GARUM）與檸檬

肋間肉這個特殊部位，是在替美洲石斑魚排去除肋骨的時候發現的。就如羊架骨頭間的肉一樣，這口感絕佳的肥美部位實在不容忽視。

在一排帶肉肋骨被整塊移除以後，將肋骨之間的長條魚肉切下來備用。（不必去筋，因為在烹煮過程中會化掉。）

將魚肉串在不鏽鋼烤肉籤上，或是靠在原本的肋骨架上，然後刷上酥油，以海鹽調味。放在炭烤架、烤盤或炭烤盤上，每面烤30至40秒。從熱源取下後，以發酵鯷魚醬（第73頁）、檸檬汁與黑胡椒粉調味。

適合拿來做這道菜的魚包括：長體石斑（hapuka）、海鱸（sea bass）、美洲石斑（bass grouper）、橫帶石斑魚（bar cod）、大西洋鱈（Atlantic cod）、大多數鯛魚與黃尾獅魚。

2. 魚心魚脾搭配一滴發酵辣椒醬

預熱炭烤架、燒烤架或炭烤盤。用一把鋒利的刀，將2個野生黃尾獅魚的魚心切成薄片，魚脾縱切成4塊。將魚脾和魚心串在不鏽鋼烤肉籤上。用海鹽稍微調味，刷上一點油或酥油。

當炭烤架、燒烤架或炭烤盤非常熱之後，再將魚串放上去，第一面烤20秒，然後翻面烤第二面。魚脾裡面應該保持粉紅色。從烤架上取下，擠上一瓣檸檬的檸檬汁，再按喜好滴上幾滴發酵辣椒醬*，便可上桌。

3. 魚肝佐檸檬果醬

預熱炭烤架、燒烤架或炭烤盤。取一塊長體石斑或海鱸的肝，去除任何可見的動脈或瑕疵，然後拍乾。將魚肝切成4×1公分（1½×½英吋）大小，再用不鏽鋼烤肉籤串起來。用海鹽稍微調味，並刷上一點油或酥油。

在炭烤架、燒烤架或炭烤盤處於高溫狀態時，將魚肝串放上去烤20秒，然後翻面繼續烤。確保魚肝裡面保持粉紅色。從烤架上取下，擠上一瓣檸檬的檸檬汁，然後按喜好刷上少許優質檸檬果醬（可使用購自商店的果醬，但自製的會更好）調味，便可上桌。

4. 魚子佐黑胡椒與萊姆

預熱炭烤架、燒烤架或炭烤盤。將足夠的魚子疊好，串在不鏽鋼烤肉籤上，串一半即可。（從較小型魚種如烏魚〔mullet〕、牛尾魚〔flathead〕或沙鮻等取出的魚子非常適合這種烹飪方式。）以海鹽稍微調味，並刷上一點油或酥油。

在炭烤架、燒烤架或炭烤盤處於高溫狀態時，小心地將每面都烤20秒，翻面時要特別小心，以免弄破表面的膜（這個動作的目的是慢慢將魚子加熱，讓它整個定型）。從烤架上取下，在溫熱的魚子上擠一瓣萊姆的汁。以大量胡椒莓粉（ground pepperberry）調味，或是混合等量的花椒、杜松子粉與黑胡椒粉，用來調味，即可上桌。

---

*　發酵辣椒醬的製作方式，是將縱切成兩半的紅辣椒埋在岩鹽裡靜置三個月。如此可以讓辣椒變軟，也讓味道變甜。也可用韓式辣椒醬替代。

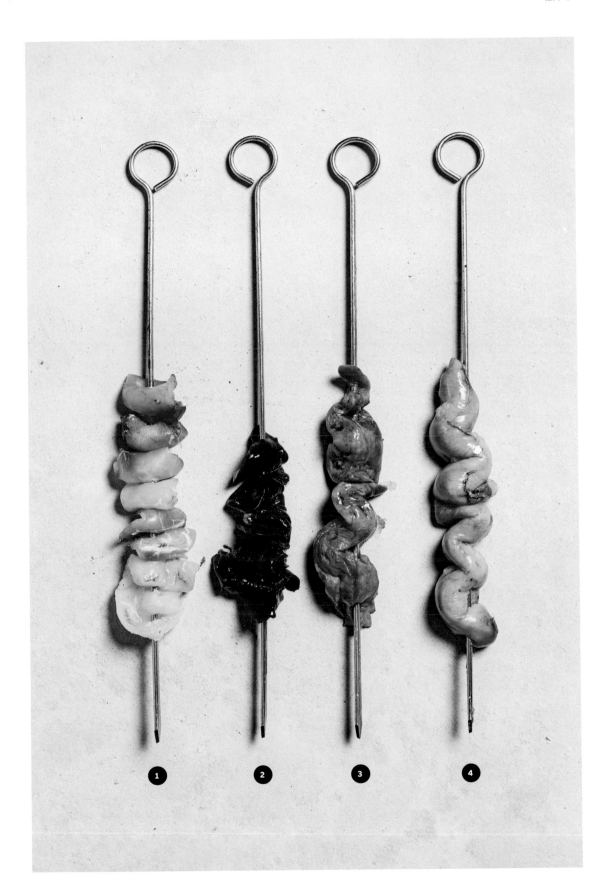

魚白（milt）肉腸

這是保羅‧法拉格在我們開設魚鋪時構思出來的食譜，一開始是我的想法，不過我一直沒有機會繼續鑽研。保羅和我都覺得這道食譜還可以改進，讓我們能運用更多魚種達到特定的質地與風味。

可製作12至13份開胃菜

魚白基底
80公克（2¾盎司／¼杯）食鹽
1公升（34液盎司／4杯）水
250公克（9盎司）去皮赤色國公魚（red gurnard）魚排
250公克（9盎司）去皮海䱺（cobia）魚排（或使用鱈魚或白鯛魚）
150公克（5½盎司）新鮮魚白（欄斑馬鮫或野生黃尾獅魚）

調味料與黏合劑
80公克（2¾盎司）墨瑞鱈（Murray cod）脂肪，切丁
20公克（¾盎司）細鹽
1小匙現磨黑胡椒
150公克（5½盎司）切片的去籽綠橄欖
50公克（1¾盎司）脫脂奶粉
10公克（¼盎司）吉利丁粉或三仙膠

將高功率果汁機或美善品多功能料理機（Thermomix）的攪拌杯放入冰庫冷凍，確保完全冷卻（見註）。

將食鹽與清水放入乾淨的碗中攪拌。放入赤色國公魚魚排、海䱺魚排與魚白，靜置24小時。

用細鹽覆蓋墨瑞鱈脂肪丁醃製，冷藏兩日。

稍微沖洗魚排與魚白，洗掉多餘的鹽，然後將鹽水放入小鍋中燒開，再將鍋子離火，放入墨瑞鱈脂肪丁，以小火水波式泡煮10秒。接著取出脂肪丁，放在用雙層隔熱碗盛裝的冰上完全冷卻。靜置備用。

將醃過的魚肉和魚白分開放在冷凍庫裡，保持低溫與紮實質地，但不能讓它們凍住。

取出預先冰鎮的攪拌杯，將每塊冰鎮的魚肉打成細碎的糊狀。將赤色國公魚魚排和海䱺魚排打成泥後混合，重新放回攪拌杯裡攪打，並開始慢慢加入冰鎮的魚白，攪拌到完全均勻。慕斯攪拌均勻後取出，過細目篩網，去掉筋或瑕疵。

用橡皮刮刀拌入所有調味料與黏合劑，混合

均勻。將混合物放入冰鎮的碗中冷卻20分鐘左右，然後拌入醃過的墨瑞鱈脂肪丁。

將混合物放在保鮮膜上，緊密捲成圓柱狀。放入溫控水浴，以攝氏85度（華氏185度）進行水波式泡煮。當內部溫度達到攝氏65度（華氏140度），魚肉腸即算熟透。取出後立刻放入冰水中降溫至完全冷卻。

冷藏一夜，隔日切成薄片。搭配其他醃製魚肉和香腸，做成綜合醃肉盤上桌，或是夾在白麵包三明治裡搭配番茄醬享用。

註：溫度控制非常重要，所有東西都需要保持冰涼，但不是凍住的狀態。如果沒有舒肥機，可以使用隔水加熱的方式處理。

發酵魚醬

由於每條魚剩下的邊角料或廢棄骨頭的數量不一，因此，在撰寫這道食譜時，以所需的百分比來表示，如此，無論你手邊有多少材料都可以運用在這道食譜中。一般認為，一條全魚有高達60%會被浪費掉。一旦去掉魚排，即使是1、2公斤（2磅3盎司或4磅6盎司）的魚，仍然剩下很多部位可以運用。

我們嘗試了許多方法，有的失敗了，有的表現出潛力，但是，我們的一位廚師特里斯坦研究出來的這個配方，能製作出品質穩定的魚醬，而且幾乎任何魚種的廢料都可以使用。

製作發酵魚醬時，首先加入小型魚類的魚頭、魚骨與碎片等加總後總量50%的水（即魚頭、魚骨與碎片等：水＝2：1），此處的小型魚種可以是沙丁魚（sardine）、鯖魚、鯷魚或縞鰺（trevally）等。然後加入與此總量相比，約20%的細鹽，混合均勻後，移入梅森罐（玻璃密封罐）裡，密封並置於攝氏40度（華氏104度）循環式水浴器。放置七日，每天攪拌一次。當然，就算沒有循環式水浴器也可以製作魚醬，但如果你想製作這種醬汁，我強烈建議你投資一台，因為魚廢料是難以捉摸的。如果沒有水浴器，那就用消毒過的梅森罐，在室溫下放入陰暗處，每天攪拌。製作時一定要把膽囊去掉，因為它會讓成品變得極其苦澀。這道食譜用途廣泛，可以改用扇貝、明蝦或墨魚來製作發酵海鮮醬。

燻魚心、魚脾與魚子

這些特殊類型的魚下水保存期限特別短，因此如果無法及時運用其他方法來製作，可以先加入大量食鹽醃起來。由於一條魚只有一個心臟和一個脾臟，你可以從一週內所處理的魚中搜集並醃製。醃製前，儘量確保內臟沒有血水，而且質地紮實無瑕疵。

經過煙燻乾燥以後，這些魚下水可以直接磨在溫熱食材上，展現出牠們醇濃鹹香的風味，舉例來說，可以磨碎放在鹽烤根芹菜上、當作帶骨鮪魚排的配菜或是加入冷盤中。其風味特徵類似於柴魚片、鯷魚與西班牙風乾鮪魚（dried tuna, mojama）。

> 5至6公斤（11至13¼磅）魚心、魚脾或魚子，
>   取自野生黃尾獅魚、小青鮒等
> 約500公克（1磅2盎司／1¾杯）高品質細鹽，
>   以及一開始醃製魚下水所需的量
> 1塊14公克（½盎司）浸水的山胡桃木屑或櫻桃
>   木屑

以大量食鹽覆蓋魚心、魚脾或魚子——請確保它們完全被食鹽覆蓋。你可以在這裡添加其他食材調味，例如柑橘皮、香草或香料。

取一只乾淨的塑膠容器，在底部鋪上能完全覆蓋的足量食鹽，然後放入魚下水，再用食鹽蓋起來。在冰箱裡靜置七日，不加蓋。之後，用乾淨的手檢查質地是否紮實。如果仍然很軟，則用新鮮的食鹽重複此一步驟，再放置四至五日。

當所有魚下水都完成醃製，質地紮實，便可從食鹽中取出並刮除表面食鹽。

按自己想要的煙燻程度，將魚下水放入煙燻爐裡冷燻20至30分鐘。還有另一個作法：在雙層蒸鍋的上層鋪上鋁箔紙，底層放入浸泡過的木屑，藉此進行冷燻。

烤箱預熱，溫度設定在最低。將魚下水從煙燻爐裡取出，放在烤盤中的金屬網架上，放進烤箱乾燥12小時，直到完全乾燥。冷卻後，放入密封塑膠容器或真空包裝袋中存放備用。

醬魚喉

魚喉以膠質濃厚的質地聞名，是巴斯克地區經常使用的特殊部位，在當地稱為「kokotxas」（我在巴黎工作時第一次接觸到），且備受推崇。這個部位的食材通常來自鱈魚，本質上是魚的喉嚨，從魚鰓下方取得的邊料。我喜歡以這種方式料理它，或是稍微在魚肉上塗點油，以粗海鹽調味，然後放到炭上烤至魚皮黏稠、魚肉軟嫩。

> **4人份**
> 8塊紅條石斑的喉嚨
> 150毫升（5液盎司）酸葡萄汁
> 60公克（2盎司）奶油
> 一撮食鹽
> 1枝龍蒿

將魚喉放入小平底鍋內，加入所有材料，再用烘焙紙蓋上。小火煮開後慢燉12分鐘，或是煮到液體變成沾附在熟魚喉上的濃縮醬汁。魚喉可以和同一條魚的魚排一起享用，或是搭配豌豆自成一道菜。此處豌豆可用少許高湯、特級初榨橄欖油、龍蒿與大量黑胡椒烹煮。

料理魚的疑難雜症

有時候，即使努力採購品質絕佳的魚，還是有可能出錯。正因為如此，我才在本書加入這章——〈料理魚的疑難雜症〉——和魚打交道時可能出現的各種問題都是我不得不面對的。這些問題包括：為什麼魚有時會在鍋裡急遽捲曲、為什麼會整塊碎掉、為什麼聞起來就是有「魚腥味」。我很怕為顧客端上的魚口感硬到讓人咬不動、整個糊掉、味道太淡、有臭味或是煮過頭，這些都是讓我每天持續測試和檢查魚隻狀況的原因。以下是針對這些潛在問題的一些建議。

1. 魚腥味

魚肉中含有一種名叫氧化三甲胺（或稱TMAO）的無味化學物質。一旦魚隻死亡並暴露在空氣中，氧化三甲胺就會分解成氨的衍生物，聞起來就是所謂的「腥味」。氧化三甲胺被當作衡量魚新鮮度的指標，據說，這種氣味可以透過兩種方式減少。

第一：用自來水將魚的表面沖洗乾淨。

這種作法其實會適得其反。魚肉就像一塊海綿，會吸收不必要的水分，清洗魚肉會對魚肉的保存期限、口感和風味造成負面影響，讓人很難達到良好的烹飪效果。正因為如此，我才會極力主張在整個處理與儲存過程中，應採用不過水的乾式處理（見第27頁）。

第二：用檸檬、醋或番茄等酸性食材來處理魚肉，也能讓氧化三甲胺與水結合，減少發揮，從而讓氣味化合物不至於進入鼻子。

身為廚師，我覺得這個說法很有趣，因為它解釋了為什麼無論到哪裡，大多數海鮮菜餚旁邊都會出現檸檬片。試想，廣受眾人喜歡的魚肉菜餚都含有酸味——沒錯，這是為了帶來平衡與額外的味道，但也是為了掩蓋任何可能存在的氣味。荷蘭醬中的醋、白奶油醬汁裡的白葡萄酒、塔塔醬裡的酸豆（capers）與法式酸黃瓜，以及馬賽魚湯這道魚菜之王中的大量番茄與葡萄酒……上述都是偏酸的菜餚。這麼說好了，吃到完美燒烤的沙鮻佐白奶油醬汁，我會是頭一個表達出喜悅之情的人，除了美味之外，同樣讓我著迷的，是透過正確的方法來處理與儲存魚肉，營造出的不同風味，同時促進了更複雜的香鹹滋味。

測試、再測試

我在買魚的時候總是很勤快，不管是哪種魚，我都會先從魚尾切下一份的量，把他煮到熟透，以了解魚肉對熱的反應。如果在煮到全熟的時候，肌肉組成能維持完整，肉質緊實，那麼這條魚就是條好魚。反之，如果你的魚受到TFS影響，或是受寄生蟲影響，導致肉整個糊掉，也會一目了然。

是否要先行烹煮任何一隻魚的一小部分，不但是全世界廚師需要優先考慮的問題，對於我們這種想要獲得美好的魚料理體驗的人來說也是一樣。在與他人分享之前，先煮一塊魚試吃，能讓你確保自己在料理的是一條好魚，也更能選出適當的配菜，以及研究出適合的烹飪方法。

2. 讓人咬不動的魚

韌魚症候群（Tough Fish Syndrome，簡稱TFS）出現在某些熱帶珊瑚魚和其他魚類品種，指魚肉在烹飪以後質地變得非常堅韌，讓人咬不動，無法食用。在烹飪之前，這些魚在外觀上與其他魚並無不同，魚排和生肉的質地都與其他魚相似，不過一旦經過烹飪，這類魚的質地會被描述成「像橡膠一樣堅韌」。

除了TFS會導致魚肉在烹飪時彎曲捲曲以外，漁民對魚處理不當也會導致類似的問題。

假使購買已知會出現TFS的魚，一定要在去鱗、去內臟或切片之前從尾巴切下一段來烹煮（參考左側資訊）。如此，你就能知道這條魚的狀態是好是壞。不幸的是，如果你確實遇上一條有TFS的魚，這個問題完全無解——就算你在煎魚排時，把車子停在魚排上面，魚排的質地依舊會是無比堅韌且完全無法食用的。我唯一的建議是將有TFS的魚拿去醃製（見第57頁）或冷燻。

---

3. 糊掉的魚肉

扠魚庫多蟲（Kudoa thyrsites）是寄生在部分海魚魚鰓上的

寄生蟲。之所以特別提到這種寄生蟲，是為了解釋為什麼有些魚在烹調後會糊掉 —— 是的，就是因為這種寄生蟲，這是一個相當不為人知的原因。這個現象不只出現在澳洲水域，也是影響全球大多數魚種的問題。雖然這種寄生蟲對人類沒有危害，但牠確實對漁業和市場帶來重大問題，因為將這樣的魚賣給不知情的消費者，可能會讓消費者在烹調和食用這些魚的時候，得到極差的體驗。

我處理魚肉這麼多年以來，經常遇上這個問題，從野生黃尾獅魚、鬼頭刀與橢斑馬鮫等都有 —— 一受熱，魚肉的結構就開始變軟、塌陷。不少與我合作過的廚師都質疑：為什麼我要買可能會糊掉的野生黃尾獅魚，而不去買一向肥美紮實的養殖黃尾獅魚？我從自己的經驗知道，雖然你得冒著買到會糊掉的魚的風險，但你同時也很有機會獲得口感與味道都無可比擬的美味。

遺憾的是，在烹調之前，你無從知道手上的魚是否有這個問題，所以我建議在正式烹調之前，先切下一小塊進行測試。

---

4. 看起來已經熟了的生魚

好幾次，我切開一條很漂亮的線釣南極櫛鯧（blue-eye trevalla）或美洲石斑，卻發現魚肉看起來好像已經被煮熟了。肌肉看起來彷彿張開了，滲出許多液體，紅色肌肉或側線完全氧化變質。

造成這個現象的原因可能有很多，不過特別要說的是，被釣上來之前就死掉的魚，在被放入冰泥（ice slurry）保存之前，往往會保留大量體熱。這種餘熱會損傷魚肉，讓魚肉看起來水水的，更嚴重一點，還會出現被煮熟的情況。而如果被放入沒有足量冰的冰泥內，會讓魚維持住牠的體溫，同樣地，也會導致上述情形。檢查的唯一方法，就是觀察魚肉的情況。如果有任何疑慮，可以先煮魚排來協助判斷。

如果魚排在烹飪過程中失去很多水分，而且魚肉上明顯有蛋白質（白點）滲出，那麼最好不要用。聯繫你買魚的店鋪，請他們聯絡供應產品的漁場或漁民，讓他們知道這個問題。

---

5. 煮過頭

有人說，一條魚在煮不熟和煮過頭之間，只有幾秒鐘的時間。這個說法在一定程度上是真的，但是將魚排放在鍋裡用最大火煎到完全熟透，並無法讓你獲得出色的效果。煮魚的方式有很多，而選擇適合魚種的烹飪方式，往往是烹調過程中最具挑戰性的部分。舉例來說，因為水波式泡煮對火候的控制多了一點，所以容錯率比煎煮更高。將魚裹上麵包粉的作法也是如此，這種作法適合業餘廚師，因為麵包粉有隔離的效果，能在烹煮時保護魚肉，進而形成美妙酥脆的外皮以及剛剛定型的濕潤內層，完美展現魚肉的甜美滋味與紮實質地。即使魚肉煮得太熟，或是邊緣過於酥脆，仍然很好吃⋯⋯你可能只需要再多加一點優格塔塔醬（見第144頁）。

如果你是烹飪魚的新手，或是經驗不太豐富，那麼投資一支探針式溫度計，會非常有幫助。

譜

＊ 以下食譜中出現的魚類原文名
稱請參考書末【魚類索引】。

生食與醃製

適合生食與醃製的魚種包括

長鰭鮪魚
十指金眼鯛
鯷魚
北極紅點鮭
花腹鯖
鰹魚
水針魚
國公魚
沙丁魚
海鯛魚
海鱸
真鯛
縞鰺
鮪魚
沙鮻
黃尾獅魚

　　要端出一道出色的生魚菜餚，關鍵在於魚本身的質地與味道。熟成、醃製、鹽漬與部分烹飪方法都有助於釋放出魚肉獨特的質地與風味。但生魚或醃魚的美妙之處在於，如果處理得當，只要極少的食材就能提升它的滋味，讓它比最自然形式還更美味。

　　就我個人而言，切魚生吃時，我總會考慮是從肉的那面或是皮的那面下刀？是從尾部還是肩部下刀？因為這些選擇都會導致不同的質感。（即使是現在，當我拿到一條沒處理過的魚時，我還是會先用不同的方式來切割，以找到我在尋找的、最適合的口感。）

　　一旦確定了自己要追求的口感，我就會開始考慮該採取什麼樣的程序。我是否要讓人原汁原味地享用，只要淋上帶果香的特級初榨橄欖油來調味就好？也許我現在先調味，等30分鐘後再上菜，讓肉質有時間變緊實一點？我是否該進行醃製，賦予它火腿般的口感，或是用煙燻，讓它的味道更鮮美？

　　無論如何，最高原則是要保持簡單，只做必要的事，也就是——恰到好處。下面的食譜中，有一些生魚與醃魚的簡單製法與思考方式，可以運用在相當多魚種身上。

左圖、次頁與第86頁：帶有光澤的長吻龍占魚肉。

生魚基礎須知

不是每個人都愛吃生魚。不過,對我來說,這是一種乾淨、誠實的方式,可以品嘗到魚最真實的味道,而調料與佐料則是提升魚肉微妙風味的關鍵。

1.

改變生魚的質地與外觀。可以考慮將魚皮留在魚肉上一起吃。例如,將你選擇的魚排放在金屬架上,魚皮朝上,然後將3大杓(250毫升／8½液盎司／1杯)的沸水淋在魚皮上。這將使魚皮稍微軟化至質地適口。另一個作法是,在魚排的魚皮面稍微抹上油,然後在一紙燒熱的鑄鐵平底鍋上放一張烘焙紙,小心將魚排放上去,魚皮面朝下。牢牢將魚排壓平在鍋上,數到五,然後取出。強烈的熱源能賦予魚皮煙燻感、緊實感,並增加其適口性。

2.

檸檬汁醃魚(ceviche)或酸的運用。這是一種非常普遍的烹調手法,因為它既有效又美味。然而,檸檬汁或萊姆汁(用於拉丁美洲的傳統製備手法)在加入幾秒鐘以後就會開始讓魚肉中的蛋白質變質,將魚肉煮熟。使用其他酸性食材,如酸葡萄汁、氧化酒與發酵果汁等,使用發酵而得的液體來替魚肉調味,既能提供酸味,又不會像檸檬汁或萊姆汁那樣迅速地破壞魚肉。

3.

魚肉的乾式熟成(見第29頁)。這有助於提升存在於生魚中的細微味道。這些味道在進行熟成的第一到第三天是無法察覺的。要了解箇中差異,最好的例子就是從第三天開始試吃正在進行熟成的黃鰭鮪,一直吃到第三十六天。當帶骨黃鰭鮪在受控的環境中進行熟成時,黃鰭鮪的味道可以從原本紮實、微甜、帶海水味的口感,明顯轉化成更緻密且帶有菇類和西班牙風乾鮪魚香氣的口感。

檸檬百里香橄欖油漬沙丁魚與鯷魚

如果你能找到非常新鮮的沙丁魚與鯷魚，那麼你一定得試試這道菜。對於魚肉的口感與味道而言，最重要的是得溫著吃，而不是冷著吃，而且肉是生的不是熟的。在我眼裡，把這兩種漂亮的魚放在同一個盤子裡，比看到松露與鵝肝放在一起更有意義。

4人份

10 條新鮮沙丁魚全魚
10 條新鮮鯷魚全魚
海鹽片與現磨黑胡椒

檸檬百里香橄欖油

500 毫升（17 液盎司／2 杯）優
　質特級初榨橄欖油
2 大匙檸檬百里香葉或澳洲百里
　香

如果你是右撇子，在處理沙丁魚時先讓沙丁魚頭朝左尾朝右，魚背朝向你，魚頭掛在砧板上。取這些沙丁魚的魚排時，我通常直接操作，不先去除內臟，因為事先去除內臟太費時。在頭部後面劃一小刀，將魚領與魚排剩餘部分分開。如此，你可以從這裡一刀從頭到尾把完整的魚排取下。第一塊魚排比較容易操作，因為你有下層魚排作為支撐。第二塊比較麻煩，不過你可以用砧板為支撐。沙丁魚不需要用鑷子把魚刺夾出來，但要用小刀把肋骨切掉。

將剩餘的沙丁魚和鯷魚按同樣方式處理，取下魚排。不要把魚骨、魚頭或內臟丟掉，這些都可以再做成發酵魚醬（見第73頁）。

至於油，我喜歡用美善品多功能料理機來做，不過如果你沒有這台機器，可以將油和檸檬百里香葉放在小鍋內混合，加熱到攝氏85度（華氏185度），然後放入果汁機攪拌至香氣飄出。若使用美善品，將溫度設定在攝氏85度（華氏185度），然後用高轉速攪拌10分鐘，至香氣飄出。倒入鋪上紗布巾的篩子過濾。

將五條鯷魚放在溫熱的大淺盤上，然後將沙丁魚放上去。取第二只大淺盤，重複上述動作。按個人喜好調味，並倒入足量的調味油，讓整個盤子都被油覆蓋。可以加入檸檬汁，以中和這道菜的油膩感，但要確保有足夠的硬皮麵包搭配享用。

替代魚種

緋魚
鯖魚
縞鰺

醃縞鰺佐檸檬酸葡萄汁

這道菜所實踐的思維，是將酸葡萄汁當成酸性食材來運用，藉此讓魚肉口感更紮實，並提升縞鰺本身天然油脂的美妙風味。檸檬酸果汁的製作，需要一些簡單的規劃。

4人份

4 條去骨縞鰺或鬏鯛的帶皮魚排
海鹽

檸檬酸果汁
250 公克（9 盎司）整顆的梅爾
　檸檬或香檸檬，產季時亦可使
　用香橙
2 公升（68 液盎司／ 8 杯）優質
　酸葡萄汁
2 大匙（細）砂糖
一撮鹽

酸葡萄汁醬
2 小匙芫荽籽
一撮鹽
1 小匙（細）砂糖
2 個大西式紅蔥頭，切成細圓環
140 毫升（4½ 液盎司）特級初
　榨橄欖油
80 毫升（2½ 液盎司）檸檬酸果
　汁（見前文）

製作檸檬酸果汁時，將水果與其餘材料一起放入消毒過的梅森罐（玻璃密封罐）內。密封冷藏至少七日，直到味道散發出來。過濾至乾淨的罐子中，冷藏保存，需要時取出使用。

製作醬汁時，先將芫荽籽放入小平底鍋內以中火焙炒至飄出香氣且稍微上色。冷卻後，將籽放入缽內用杵搗碎。將搗碎的芫荽籽、食鹽、糖與紅蔥頭混合均勻，靜置至少30分鐘，最好放過夜，然後拌入油與檸檬酸果汁。擱置一旁備用。

處理魚肉時，先確保魚肉上沒有鱗片或骨頭。將魚肉翻過來，讓魚皮朝上。用手指抓住魚皮最靠近頭部的一角，將魚皮輕輕從魚肉上拉下來，留下「銀皮」。將魚排切成厚片，擺放在小盤子裡。用海鹽調味。

稍微淋點醬汁，確保每盤魚肉上都有芫荽籽和紅蔥頭。室溫上菜。若想更豐盛點，可以加入味道辛辣的蔬菜，例如苦苣葉（witlof／endive／chicory）、芝麻葉或蘿蔔葉等，都非常適合。

替代魚種
鯷魚
鯖魚
沙丁魚

生真鯛、綠杏仁、無花果葉油佐發酵魚醬

長濱鯛是澳洲本土的真鯛，以肉質紮實、帶有類似貝類的鮮甜滋味聞名。這種魚的質地比一般真鯛有趣，也更有味道。

在澳洲，春季是綠杏仁的時節，這也是我最喜歡的食材之一。綠杏仁多汁、味酸、帶點脆感，與生魚菜餚非常搭。

4人份

2條去骨真鯛（長濱鯛）或鯛的帶皮魚排
300公克（10½ 盎司／2杯）新鮮綠杏仁（見註）
100毫升（3½ 液盎司）發酵魚醬（見第73頁）或優質魚露、白醬油或淡色醬油
100毫升（3½ 液盎司）無花果葉油（參考下文）
1個萊姆的果汁

無花果葉油

125公克（4½ 盎司）新鮮無花果葉、泰國檸檬葉或月桂葉
250毫升（8½ 液盎司／1杯）特級初榨橄欖油

製作無花果葉油時，將無花果葉的中央莖部修剪下來並丟棄，然後將葉子和橄欖油放入美善品多功能料理機中，溫度設定為攝氏85度（華氏185度），以高轉速攪拌10分鐘。將一只碗放在一個較大的冰碗裡冰鎮，將油倒入鋪有濾紙的篩子裡，並過濾到這個碗裡。接著，再把油倒入密封容器中，放入冷凍庫保存，至需要時取出使用。如果沒有美善品，則將無花果葉和橄欖油放入鍋中，加熱至攝氏85度（華氏185度）。將混合物倒入果汁機內，低速攪拌，然後逐漸提高速度，攪拌5至6分鐘，讓橄欖油入味。

處理魚時，先準備一小鍋水，以大火燒開。

取一把鋒利的小刀，在魚皮上劃下八道（只切開魚皮，不要切到魚肉），然後將魚放在金屬網架上。用一支容量50毫升（1¾ 盎司）的勺子，將3勺開水澆在每塊魚排的魚皮上。將魚肉連架子移到冰箱中，靜置乾燥至少30分鐘。

處理綠杏仁時，取一把鋒利的小刀，將果仁縱切成兩半，再小心取出綠杏仁，操作時可以輕敲外殼，幫助綠杏仁掉出來，或是用刀尖挖出來。放在一旁備用。

切魚時，從魚頭往魚尾方向處理，將魚排切成5公釐（¼ 英吋）的厚片。每份需要8片，人約75至80公克（2¾ 盎司）。將魚片放在盤子裡，再以發酵魚醬、無花果葉油與萊姆汁調味。在室溫下上菜。

註：綠杏仁在去皮後應立即使用，因為它們容易氧化變黃（如果打算提前去皮，可以放在牛奶內保存以避免氧化）。無花果葉油最好按照這個分量來製作，如此，在放入果汁機時才有足夠的油來攪拌 —— 多餘的油可以冷凍保存，亦可用作沙拉醬、搭配烤豬肉或刷在熟魚肉上。

替代魚種

長鰭鮪魚
海鱸
海鯛魚

野生黃尾獅魚佐魚子醬

法式酒醋酸蛋醬是一種傳統的法式冷蛋醬，也是這款魚子醬的靈感來源。這款魚子醬由熟魚子、酸豆、法式酸黃瓜、細葉香芹、龍蒿與特級初榨橄欖油製成。將魚子和生魚排放在同一盤菜裡，是相當特別的處理方式。能顯示出技巧，以及許多種口感和味道，同時也展現出對整條魚的尊重。這則食譜可以運用於不同魚種，如印章魚、紅條石斑、黃尾獅魚、墨瑞鱈與雙帶鰺。

4 人份

400 公克（14 盎司）去骨帶皮的
　野生黃尾獅魚魚排

魚子醬汁

250 公克（9 盎司）新鮮魚子，
　從膜上刮下來
500 毫升（17 液盎司／2 杯）特
　級初榨橄欖油
½ 大匙第戎芥末醬
½ 大匙夏多內白酒醋或白酒醋加
　一撮糖
1 把細葉香芹，切碎
半把龍蒿，切碎
30 公克（1 盎司／¼ 杯）酸豆，
　瀝乾後切碎
90 公克（3 盎司／½ 杯）法式
　酸黃瓜，瀝乾後切碎
海鹽片與現磨黑胡椒

製作醬汁時，將刮下來的魚子放入平底鍋中，並倒入橄欖油，保留250毫升（8½ 液盎司／1杯）的烹煮用橄欖油。以文火加熱攪拌10分鐘，或是加熱到魚子均勻煮熟，然後將魚子過濾到碗中，將魚子冷藏20至30分鐘。

將芥末醬與醋加入冰鎮的魚子中，然後一滴一滴拌入預留的烹煮用橄欖油，必要時可以加入少許醋或溫水，直到呈濃稠的乳脂狀。加入切碎的香草、酸豆與法式酸黃瓜，並按個人喜好調味。靜置備用。

將魚排放好，魚皮面朝下，頭部朝向自己。取一把鋒利的刀子，將刀刃置於魚皮和魚肉之間，保持刀子角度朝下，沿著魚皮縱向朝尾部用力刮。儘量保留更多的紅色魚肉，因為這個部分有豐富的味道與天然油脂。

去掉魚皮後，將魚翻面，讓紅色部分朝上。沿著側線將魚肉分成上腰與魚腹兩塊。將1大匙魚子醬汁放在碗中央，然後將魚片放在魚子醬汁上。用海鹽稍微調味後即可上桌。

替代魚種

鰤魚
印章魚
雙帶鰺

生黃鰭鮪丁、酸洋蔥、蛋黃佐比利時菊苣

熟成到第七日至第九日之間的黃鰭鮪，其鹹香特質會更被突顯出來，非常適合用於這道食譜的生魚塔塔。如果使用的黃鰭鮪不是來自腰部中央的部分，則應用湯匙將魚肉從筋腱上刮下來，並用刮下來的魚肉代替魚肉丁。

3人份

250 公克（9 盎司）修整過的黃鰭鮪腰肉（熟成七至九日最理想）
2 個西式紅蔥頭，切碎
80 公克（2¾ 盎司）購自商店的醃洋蔥，切丁
1 把蝦夷蔥，切碎
2 個蛋黃
60 毫升（2 液盎司／¼ 杯）優質特級初榨橄欖油
2 大匙取自醃洋蔥罐的醃洋蔥汁
海鹽片與現磨黑胡椒
2 個比利時菊苣，將菜葉拆開

將鮪魚切成1×1公分（½ 英吋）小丁，放入大碗中（進行此步驟十，務必戴上拋棄式手套，以避免污染）。加入紅蔥頭、醃洋蔥、蝦夷蔥與1個蛋黃，攪拌均勻。加入足量橄欖油，讓所有材料都均勻沾附，然後加入足量的醃洋蔥汁，按個人喜好調整酸度。以鹽和黑胡椒調味。

將混合物放在餐盤上，再把菜葉繞著魚肉丁擺好，最後放上剩餘的蛋黃。酥脆的酸種麵包薄片也非常適合搭配這道菜。

替代魚種

長鰭鮪魚
縞鰺
劍旗魚

鹽醋漬花腹鯖佐小黃瓜與炸黑麥麵包片

這道以花腹鯖與小黃瓜製作的菜餚，完美示範了醃製如何改變魚肉的口感和味道。任何品種的小黃瓜都適用於這道菜，但我特別喜歡用蘋果白黃瓜（apple white cucumbers）搭配，因為它們有一種類似牡蠣的特性，與鯖魚特別搭。炸麵包片必須提前準備，因為在油炸之前得先烘乾一晚。

4人份

4 塊非常新鮮的去骨花腹鯖魚排（每片約 80 公克／ 2¾ 盎司）
80 公克（2¾ 盎司／ 2⅔ 杯）海鹽片
250 毫升（8½ 液盎司／ 1 杯）雪莉酒醋
4 粒壓碎的杜松子
2 個蘋果白黃瓜或黎巴嫩短黃瓜
8 個新鮮的去殼岩牡蠣，保留蠔汁（非必要）
100 毫升（3½ 液盎司）優質特級初榨橄欖油

油炸黑麥麵包片

1.2 公升（41 液盎司）全脂牛奶
3 個西式紅蔥頭，切碎
1 片月桂葉
3 枝百里香
1 塊 500 公克（1 磅 2 盎司）重的隔夜黑麥麵包（或任何酸種麵包），去掉麵包皮並切成 5 公分（2 英吋）大塊
細鹽
1 公升（34 液盎司／ 4 杯）芥花油（油菜籽油）或棉籽油，油炸用

預熱烤箱，溫度設定在最低檔。在兩只烤盤上鋪上烘焙紙。

製作炸黑麥麵包時，先將牛奶、紅蔥頭、月桂葉與百里香放入小鍋中以中火加熱至微滾。鍋子離火，加入麵包塊並蓋上烘焙紙。靜置20分鐘，或是放到麵包變非常軟，然後移到食物調理機裡，攪打至滑順。將麵包糊薄薄地抹在準備好的烤盤上塗滿，然後放入烤箱烘乾一夜。

第二天，將油炸用油放入大單柄鍋內，以中大火加熱至油溫達攝氏170度（華氏340度）。從烤盤上掰下一塊麵包片，放入鍋中油炸20秒，或是炸到金黃酥脆。取出後放在紙巾上瀝乾，撒上少許鹽片調味，然後繼續炸剩餘的麵包片。將炸好的麵包片靜置於溫暖乾燥處，待需要時取出（最好在油炸後1小時內使用）。

醃漬鯖魚時，先將魚皮和魚肉面都均勻地用食鹽調味，然後放在托盤上，不加蓋放入冰箱冷藏2小時。

時間到了以後，將魚浸泡在加了杜松子的醋裡，靜置冰鎮30分鐘。

等待時可以處理黃瓜。先替黃瓜削皮，再將瓜肉切成1×1公分（½ 英吋）小丁，去籽。

將醃好的鯖魚從醋中取出，保留醋。將魚肉翻過來，魚皮朝上。用手指抓住魚皮中最靠近頭部的一角，輕輕將魚皮拉下來，留下「銀皮」。將鯖魚從頭到尾切成1公分（½ 英吋）厚片。將魚肉擺在盤子裡，若搭配牡蠣，則每盤放上2個，然後撒上黃瓜丁、蠔汁與幾滴帶杜松子味的醋。淋上少許橄欖油，搭配炸麵包片享用。

替代魚種

鰹魚
水針魚
大西洋油鯡

綜合醃魚盤佐醃黃瓜

這是將本書第58至61頁的醃魚放在一起呈現的菜餚。就如同好的綜合醃火腿盤，醃黃瓜、法式酸黃瓜與醃製蔬菜的搭配，都能為這些味道豐富的食材帶來酸味，而這些乳酸發酵的醃黃瓜，特別適合搭配醃魚與煙燻魚。它們的運用非常多樣 —— 試試看，相信很快就會成為你們儲藏室的常備品。

6人份

100公克（3½盎司）保羅的香
　料醃帶骨旗魚（見第58頁）
100公克（3½盎司）煙燻醃褐
　鱒（見第60頁）
100公克（3½盎司）醃月魚頰
　肉（見第61頁）
100公克（3盎司）煙燻劍旗魚（見
　第60頁）

乳酸發酵醃黃瓜

90公克（3盎司／⅓杯）細鹽
3公升（101液盎司／12杯）清
　水
1大匙焙炒過的茴香籽
2大匙黑胡椒粒
2瓣大蒜，拍碎
1公斤（2磅3盎司）醃漬用小
　黃瓜

製作醃黃瓜時，將食鹽、清水、茴香籽、黑胡椒粒與大蒜放入一只乾淨的有嘴大碗中，攪拌至食鹽完全溶解。

將黃瓜洗淨，去除所有雜質，然後放入消毒過的大梅森罐（密封玻璃瓶）裡。倒入醃漬液，然後在上面放上一小張烘焙紙，確保內容物都浸泡在液體裡。密封並置於陰涼處發酵至少四至五週後再食用。開封後應存放在冰箱裡。

取一把鋒利的刀子，將醃旗魚、醃褐鱒、醃月魚頰肉與煙燻劍旗魚切成薄片，如果還有魚皮，記得修剪掉。在木板或餐盤上墊一張烘焙紙，放上切好的魚肉靜置，確保已達室溫再端上桌。

醃魚拼盤可以搭配熱騰騰的硬皮法棍切片、冰鎮過的優質奶油與發酵醃黃瓜。

替代魚種

鰹魚
黃尾獅魚
鮪魚

（參考下頁照片）

水波式泡煮

●

適合水波式泡煮的魚種包括

北極紅點鮭
美洲石斑
南極櫛鯧
國公魚
黑線鱈
長體石斑
黃尾獅魚
墨瑞鱈
鰈魚
狹鱈
橢斑馬鮫
真鯛
大菱鮃鰈魚
鱒魚

由於某些原因，水波式泡煮已經不流行了，人們傾向運用更理想的烹調方法如煎炸、烘烤與低溫烹調。我相信，原因在於人們認為水波式泡煮有點「微妙」，或者說，這種烹調方式缺少了一點口感與味道。

如果使用水或高湯，並搭配香草或香料來進行，水波式泡煮是一種非常健康的烹調方式，而且能替魚肉帶來非常細膩的味道。但另一方面，若用奶油或油脂來進行，則成了一種極其享受的方式。

作為一種濕式烹調法，水波式泡煮有助於留住水分，也能讓味道直接滲透到魚肉中。由於其泡煮「湯底」的多變性，水波式泡煮有著無窮無盡的潛能。下次，在選擇泡煮湯底前，不妨先想想它能給魚帶來什麼味道。我曾用過綠橄欖的浸漬液、瑞可達起司過濾出來的乳清，甚至煮熟菇類的過濾液，都各自有奇妙的效果。

左頁、次頁與第108頁：南極櫛鯧（熟成2日）

水波式泡煮魚基礎須知

下列的水波式泡煮方法，都能按所使用的魚種來靈活調整味道與食材。當你對這種烹飪方式越來越有信心時，烹調的菜色也會愈發多樣，如咖哩魚、魚湯、魚頭凍等，都有可能做得出來。

1.

將高湯與香料放入單柄鍋內，蓋上鍋蓋，加熱至沸騰。煮沸後鍋子離火，置於工作檯上。打開鍋蓋讓液體冷卻至攝氏85度（華氏185度），用探針溫度計測量溫度。將一只小盤子和魚肉放到鍋底，由於液體很燙，操作時務必小心。蓋上鍋蓋，以餘溫烹煮魚肉6分鐘，實際烹煮時間按魚肉厚度與種類而定。

2.

用漏勺將魚肉取出，放置在乾淨的盤子裡。魚皮面朝上靜置4分鐘，然後慢慢把魚皮剝掉 ——如果魚皮很容易剝落，表示魚肉已經熟了，或至少快熟了。為什麼不連著魚皮一起吃呢？在烹煮過程中，泡煮湯底的溫度可能降到攝氏65度（華氏149度），有些魚種的皮仍然很硬，甚至像橡膠一樣韌。

註：不要把魚皮丟掉，把它放回鍋中，繼續用這個「主高湯」繼續泡煮。魚皮中的膠質是一種增稠劑，會給高湯帶來很大的黏性。在泡煮湯底煮過幾條魚以後，就會變成美妙的魚湯或醬汁，可以淋在泡煮魚肉上。每次用完以後，將液體、魚皮或任何沉澱物一起加熱至沸騰，然後用篩子過濾。過濾後的泡煮湯底可以冷凍保存。

3.

將魚肉放在盤子裡，舀上100毫升（3½液盎司）高湯，再淋上優質特級初榨橄欖油並撒上海鹽片。

泡煮石斑、朝鮮薊與蒜味蛋黃醬

在當學徒時，我會儘可能地去雪梨的餐館裡吃飯，有時候整筆薪水都會被花在奢侈飲食上。在那段探索期，我嘗過最棒的一道菜，是在畢斯特羅德餐廳（Bistrode，這是我一直以來最喜歡的一間餐廳）吃到的一道泡煮魚，這道簡單樸實的菜餚用的是黃尾獅魚，搭配普羅旺斯燉朝鮮薊（barigoule）。以下是我個人對那盤美妙菜餚的詮釋。

6 人份

6 塊 180 公克（½ 盎司）的長體
　石斑、美洲石斑或橫帶石斑魚
　帶皮魚排，挑刺

普羅旺斯燉朝鮮薊

1 大匙芫荽籽
½ 大匙茴香籽
½ 大匙黑胡椒粒
1 片新鮮月桂葉
4 枝百里香
300 毫升（10 液盎司）特級初榨
　橄欖油
½ 個洋蔥，切碎
½ 條胡蘿蔔，切碎
½ 把西洋芹心＊，切碎
½ 顆大蒜
500 毫升（17 液盎司／2 杯）乾
　型白酒
500 毫升（17 液盎司／2 杯）水
1 公斤（2 磅 3 盎司）球形朝鮮薊，
　切成兩半

蒜味蛋黃醬

2 個蛋黃
½ 大匙第戎芥末醬
2 小匙白酒醋
細鹽
250 毫升（8½ 液盎司／1 杯）
　葡萄籽油
½ 個檸檬的檸檬汁
3 瓣大蒜，磨碎

上菜時的額外選項（非必要）

法國龍蒿、義大利扁葉香芹
　（Italian flat-leaf parsley）與
　細葉香芹（chervil）各 ½ 把，
　只保留葉子
3 片酸模葉，切絲
½ 把蒔蘿，摘掉小枝

＊ 譯註：指去掉外側幾根並切
　掉葉子的西洋芹。

烹調普羅旺斯燉朝鮮薊時，先將香料與香草用紗布綁在一起，做成香草束。

取一只大平底鍋，倒入橄欖油加熱，然後下洋蔥、胡蘿蔔、西洋芹心與大蒜，烹煮 7 分鐘至變軟，小心不要讓蔬菜上色。倒入白酒與香草束，煮沸。倒入清水，待重新沸騰後便放在一旁備用。

製作蛋黃醬時，把碗放在鋪了茶巾（洗碗巾）的單柄鍋上，增加穩定性。在碗裡加入蛋黃、芥末醬、醋與食鹽，用打蛋器攪打均勻。繼續攪打，慢慢滴入葡萄籽油，形成濃稠的乳化劑。試吃一下味道，並按個人喜好加入額外的鹽、檸檬汁與大蒜來調整味道。蛋黃醬的質地應該相當於打到六分發的鮮奶油，必要時可以用一點溫水調整。做好後靜置備用。

將 500 毫升（17 液盎司／2 杯）朝鮮薊燉煮液和煮熟的蔬菜放入一只大鍋內備用。將剩餘的朝鮮薊燉煮液放入另一只厚底有蓋大鍋，加熱至沸騰。放入朝鮮薊，繼續煮到朝鮮薊變軟，然後用漏勺取出備用。

鍋子離火，放入魚肉，蓋上鍋蓋靜置 7 至 8 分鐘，直到魚肉剛變不透明。小心地用漏勺將魚肉移到盤子裡，慢慢剝去魚皮（見第 109 頁）。

將龍蒿、扁葉香芹、細葉香芹、酸模與蒔蘿（如果使用）混合在一起備用。

將保留的 500 毫升（17 液盎司／2 杯）朝鮮薊燉煮液與包括朝鮮薊在內的所有蔬菜加熱至微滾，然後淋在魚肉上。加入 1 大匙蛋黃醬，搭配備用的綜合香草一起上桌。

註：傳統上，普羅旺斯燉朝鮮薊所使用的燉煮液，用途是泡煮並保存朝鮮薊。這個高湯上有一層厚厚的油，但請不要丟棄它，因為它可以當作調味菜餚的油醋醬。裡面帶有香氣的食材與蔬菜也是成品菜餚的美麗裝飾。

替代魚種

北極紅點鮭
美洲石斑
無鬚鱈

芳香油泡煮鰹魚佐烤茴香醬汁與脆薯片

以油泡煮是相當適合鰹魚、鮪魚、鯖魚或沙丁魚的方式。鰹魚是我的最愛，因為經過完美烹煮的鰹魚肉順其肌理滑落的方式有種莫名的魅力。產季的鰹魚有乾淨的海味，以及紮實緻密的質地，最適合生吃，或簡單烹調。茴香與大茴香籽向來和魚肉很合拍，我個人也很喜歡這種調味。生茴香在燒烤過後，蔬菜中的纖維會被破壞，卻能保持清脆的口感。在這則食譜中，我用了我們在餐廳裡烘乾製作的海帶粉，不過你可以使用磨成粉的裙帶菜、昆布或海帶來代替。另外要注意的是，這道菜必須提前一天開始準備。

4人份

1塊從大型鰹魚切下來的帶皮魚排，約1.5至3公斤（3磅5盎司至6磅10盎司）重
1公升（34液盎司／4杯）特級初榨橄欖油
100公克（3½盎司／1杯）碎黑胡椒
1片月桂葉
1小把杜松子
1小把迷迭香
食鹽

脆薯片

2顆大型蠟質馬鈴薯，例如紅皮馬鈴薯
一撮鹽
芥花油（油菜籽油），油炸用

茴香醬

1個帶葉的球莖茴香
170毫升（5½液盎司／⅔杯）特級初榨橄欖油
80公克（2¾盎司）海帶粉
一撮鹽
1小匙（細）砂糖
60公克（2盎司）法國紅蔥頭，切成細環
50毫升（1¾液盎司）夏多內白酒醋或白酒醋加一撮糖

替代魚種

長鰭鮪魚
鮪魚
劍旗魚

製作脆薯片時，先將烤箱以最低檔預熱。替馬鈴薯去皮，再用刨絲器將馬鈴薯刨成絲，連著碎屑一起放入大平底鍋內。倒入淹過馬鈴薯的冷水，加入一大撮鹽，然後煮沸。烹煮20分鐘，或煮到馬鈴薯變得非常軟且液體變稠。

用過濾勺將馬鈴薯取出，保留澱粉液。將馬鈴薯放入果汁機打成濃稠重乳脂鮮奶油的質地。若太稠，可加入少許澱粉液稀釋。

在烤盤裡鋪上烘焙紙，然後塗滿一層薄薄的馬鈴薯泥。放入烤箱乾燥一整晚。最終成果應該是半透明的薄片。

第二天，在厚底單柄鍋內倒入半滿的油炸用油，加熱至油溫達到攝氏180度（華氏350度）。薯片下鍋油炸10至15秒，稍微上色後取出放在紙巾上瀝乾。調味後備用。

要製作茴香醬，先用蔬果切片器或鋒利的刀子，從球莖茴香的頭部開始往下切到底部。加入30毫升（1液盎司）橄欖油，翻拌至表面覆上一層薄薄的油。

將燒烤盤開到高溫，或是將鑄鐵平底鍋放在大火上燒熱，放上一層茴香烤1至2分鐘，中途翻面。將烤好的茴香放入大碗中，以海帶粉調味備用。繼續以同樣的方式處理剩餘的茴香。

取另一只碗，放入食鹽、糖與紅蔥頭混合。靜置10分鐘，然後倒入剩餘140毫升（4½盎司）的橄欖油及50毫升（1¾液盎司）的酒醋。將油醋醬加入茴香中，置於溫暖處備用。

處理鰹魚時，取一把鋒利的刀子，從魚的側線將魚排分成腰肉與腹肉，然後將腰肉與腹肉分別切成4份，每塊魚肉重量約90至100公克（3至3½盎司）。

水波式泡煮鰹魚時，用保鮮膜緊緊包好一只小碟子或盤子，然後和橄欖油、黑胡椒與香草一起放入大鍋中。小火加熱至油溫達到攝氏48度（華氏118度）。加入烹煮時間比腹肉長一點的腰肉，在溫熱的油裡浸泡12至15分鐘。腰肉煮熟後鍋子離火，繼續靜置5分鐘，然後把腰肉撈出來放在盤子裡，再以同樣的方式泡煮腹肉。由於腹肉比較薄，所以烹煮的時間為10分鐘。

上菜時，先將1大匙茴香醬舀到盤子中央，然後將鰹魚放在中間，調好味，最後放上一塊脆薯片。

澳洲本地咖哩魚

咖哩魚是全球海鮮食譜中的重要菜餚，會根據烹調地點不同（如泰國、印度或英國）而有不同的變化，所以我想利用澳大利亞本地的食材，如胡椒莓粉、本地產的薑、薑黃葉與澳洲百里香來製作一道風味清香的咖哩。我在這裡提供了我所使用的食譜，但也提供了更容易取得的替代香草與香料。

8人份

100公克（3½盎司／½杯）粗糖（德梅拉拉 [demerara] 糖）
100毫升（3½液盎司）發酵魚醬（見第73頁）或優質魚露，若有必要可增加用量
6公升（202液盎司／24杯）椰子水
8塊墨瑞鱈魚切片（最佳替代方式是輪切，見註）
2個萊姆的果汁

醃紅葡萄

975毫升（33液盎司）紅酒醋
375公克（13盎司／1⅔杯）（細）砂糖
1大匙食鹽
600公克（1磅5盎司）紅葡萄

咖哩醬

芫荽籽、茴香籽、黑胡椒粒各2大匙
1大匙花椒粉
600公克（1磅5盎司）法國紅蔥頭
100公克（3½盎司）蒜瓣
100公克（3½盎司）去皮薑塊
4片本地產薑黃葉或50公克（1¾盎司）新鮮薑黃，大略切塊
4片薑葉或50公克（1¾盎司）新鮮薑塊，大略切塊
4片泰國檸檬葉
½塊帶骨帶皮的煙燻鰻魚，切成2公分（¾英吋）長小段
400公克（14盎司）鹽漬辣椒（見66頁）或味道溫和的去籽辣椒
3枝澳洲百里香或檸檬百里香，摘下葉片
750毫升（25½液盎司／3杯）葡萄籽油

替代魚種

美洲石斑
無鬚鱈
大菱鮃鰈魚

醃葡萄時，將醋、糖與鹽放入小鍋中，以大火煮沸。將葡萄放在塑膠容器中，淋上熱糖漿，使其完全覆蓋。蓋上烘焙紙，讓葡萄浸泡在糖漿裡，冷藏至少2小時，最好是隔夜或更長。如此醃製的葡萄可以保存好幾個月。

製作咖哩醬時，先將芫荽籽、茴香籽、黑胡椒粒分別放入平底鍋，以中火焙炒至香味飄出，然後將一半的香料與剩餘咖哩醬材料的一半放入食物調理機中，攪打成質地均勻的糊狀。重複上述步驟，直到所有香料都打碎，咖哩醬也混合均勻。

取一只寬大的厚底單柄鍋，以中火加熱5分鐘，然後加入咖哩醬翻炒15分鐘。此處的關鍵在於，在一開始就把這些材料徹底煮熟，才能為最後的高湯帶來平衡的風味。

加入糖與發酵魚醬，繼續烹煮10分鐘，讓糖焦糖化。加入椰子水，高湯煮沸後，再把火轉小，慢慢熬煮45分鐘，或到高湯的量減少一半時。接著，鍋子離火，靜置至少20分鐘。

取大杓子與粗目篩，讓高湯過篩，再把高湯分成大小兩鍋，大鍋用來進行水波式泡煮。

將大鍋內的高湯煮沸，然後鍋子離火，放入4塊魚肉，蓋上鍋蓋，離火泡煮10分鐘。緩緩加熱另一鍋的高湯，然後嚐嚐味道，以萊姆汁調味，若有必要亦可加入更多發酵魚醬。

魚肉完成泡煮以後小心移出，注意不要把魚皮弄破，將魚肉置於盤中。繼續以同樣的方式烹煮剩餘的魚肉。

上菜時，將溫熱的魚湯淋在魚肉上，搭配香草沙拉、糙米飯、醃葡萄與其他自選醃菜一起端上桌。

註：輪切是指從魚的下半身切下的帶骨魚排。由於取自下半身，所以只有中央的脊骨，容易食用。這種切法還可以幫助魚在烹調時保持形狀，也能讓魚肉與魚湯的味道更豐富。

（參考下頁照片）

聖彼得魚湯

這道湯品屬於傳統馬賽魚湯的風格，但做了一些調整。只要掌握這道湯品的基本原理，它就是一塊空白的畫布，可以使用食譜以外的食材來加以揮灑（例如，你可以使用本地食材，這可以大幅度地改變這道燉魚名菜的味道特徵）。烹煮時要有耐性 ——如果在烹煮過程中仔細點，效果也會更好。

6人份

基礎魚湯

2.5 公斤（5½ 磅）整尾的剝皮魚或扳機魨
2.5 公斤（5½ 磅）整尾的紅點沙鮻
2.5 公斤（5½ 磅）整尾的鬚鯛
2.5 公斤（5½ 磅）整尾的赤色國公魚
2.5 公斤（5½ 磅）去除內臟的藍斑牛尾魚或白鯛魚
120 毫升（4 液盎司）特級初榨橄欖油
2.5 公斤（5½ 磅）小型蟹（以遠海梭子蟹〔blue swimmer crab〕、普通黃道蟹〔brown crab〕或澳洲沙蟹〔sand crab〕最為理想）
10 尾明蝦的蝦殼與蝦頭
海鹽片與現磨黑胡椒
3 個洋蔥，切細絲
5 瓣大蒜，拍碎
1 個球莖茴香，切細絲
100 毫升（3½ 液盎司）番茄糊（濃縮番茄糊）
4 個番茄，略切
½ 把百里香
10 枝檸檬百里香（非必要）
1 小匙茴香籽，稍微焙炒過
1 個八角茴香
4 個乾燥澳洲灌木番茄，磨成粉，或使用少許煙燻紅椒粉（非必要）
3 公克（⅛ 盎司）番紅花絲
檸檬汁，用量依個人喜好

準備湯底時，用鋒利的菜刀將魚切成小塊。取一只厚底寬口大鍋，倒入100毫升（3½ 液盎司）橄欖油加熱，將螃蟹與蝦殼放入翻炒10至12分鐘，直到上色。起鍋後放在碗中備用。

將鍋放回爐上，以中火加熱，用同樣的油煎魚塊。以一大撮鹽調味，烹煮10分鐘，直到全部上色。和蝦蟹放在一起備用。

取一只寬大的燒烤刮板，將鍋底焦糖化的魚肉焦渣刮下來，和魚放在一起。倒入剩餘的橄欖油，以中火加熱。加入洋蔥炒煮出水分，約10分鐘，然後將火轉大，加入大蒜與茴香，繼續烹煮5分鐘。加入番茄糊，翻炒5分鐘至香味飄出。加入魚肉、蝦蟹以及剩餘材料，注入淹過材料的水，蓋上鍋蓋後加熱至沸騰。開始沸騰後打開鍋蓋，以大火烹煮20分鐘。

用蔬菜研磨器研磨魚湯，或是放入食品調理機攪拌，然後過濾，再以食鹽、檸檬汁與黑胡椒調味。

法式蒜香辣椒醬

1 個紅椒，烘烤後去皮

1 根辣椒，去籽

2 個馬鈴薯，去皮切丁

50 公克（1¾ 盎司／½ 杯）烘烤過的夏威夷豆

5 瓣大蒜

2 個乾燥澳洲灌木番茄，磨成粉（自選）

¼ 小匙煙燻紅椒粉

一撮番紅花絲

210 毫升（7 液盎司）特級初榨橄欖油

最後的配菜

500 公克（1 磅 2 盎司）帶皮小型蠟質馬鈴薯，例如荷蘭褐皮馬鈴薯（dutch cream potato）或比提傑馬鈴薯（bintje potato）

5 隻 120 公克（4½ 盎司）的鬚鯛，去除內臟並去鱗

200 公克（7 盎司）印章魚魚子

400 公克（14 盎司）墨魚或烏賊觸手

500 公克（1 磅 2 盎司）三角斧蛤（pipis）或蛤蜊，吐沙

10 尾明蝦，剝殼去腸泥

50 公克（1¾ 盎司）酥油

250 公克（9 盎司）品質最佳的魚肝（如印章魚、石斑或鱈魚）

上菜時的最後修飾

1 塊優質黑麥麵包

100 公克（3½ 盎司）冰冷的優質有鹽發酵奶油

250 公克（9 盎司）綜合香草沙拉

製作法式蒜香辣椒醬時，將除了橄欖油以外的所有材料放入一只不鏽鋼醬汁鍋內，倒入能覆蓋材料的足量魚湯，烹煮至馬鈴薯變非常軟。瀝乾並保留液體。將馬鈴薯放入食物調理機，加入 40 毫升（1¼ 液盎司）保留液體打成質地滑順的薯泥，再慢慢用打蛋器打入橄欖油。待醬汁變濃稠柔滑時，以食鹽和少許檸檬汁調味。

將剩餘的湯底分別倒入一大鍋與一中鍋。將馬鈴薯放入中型鍋，烹煮 15 至 20 分鐘至馬鈴薯變軟之後靜置備用。

將大鍋內的湯底煮沸。鍋子離火，放入鬚鯛、印章魚魚子與墨魚或烏賊觸手。蓋上鍋蓋泡煮 4 至 5 分鐘後，放上盤子備用。

重新將湯底煮沸，然後鍋子離火，放入蛤蜊與明蝦泡煮 3 分鐘。當蛤蜊打開時便可取出。將蝦貝和魚肉放在一起。

在平底鍋中放入酥油以大火加熱。將魚肝煎至兩面金黃，約 1 分鐘。注意不要把魚肝煎過頭。

組裝整道菜的時候，將煮熟的食材放入一只大碗或深盤裡。將用來泡煮所有海鮮的湯底重新加熱至微滾，然後將大量湯底淋在魚肉海鮮上面。搭配麵包、奶油、綠葉沙拉、法式蒜香辣椒醬與一瓶冰鎮的夏多內白酒上菜。

替代魚種

國公魚

烏魚

真鯛

參考第121頁照片

煙燻海鱒肉醬、杏仁與櫻桃蘿蔔

我第一次做這道魚肉醬菜餚,是在雪梨尼斯咖啡當廚師的時候 —— 這是利用片鱒魚排的廢料所製作的菜餚。在聖彼得餐廳開幕的前一年,我和我的學徒歐力(Ollie)為上海的一個活動製作了600份作為開胃小菜。坦白說,在那之後的一段時間裡,我們都厭倦了這道菜。

2人份

80公克(2¾盎司/¼杯)細鹽
2枝蒔蘿
1小匙焙炒過的茴香籽
250公克(9盎司)去皮去骨的海鱒魚腹、魚尾或邊角料
1塊14公克(½盎司)重的煙燻用蘋果木屑
500毫升(17液盎司/2杯)葡萄籽油
3大匙蒜味蛋黃醬(見第110頁)
1小匙龍蒿末
1小匙義大利扁葉香芹末
1小匙蝦夷蔥末
2大匙焙炒過的杏仁片
½顆檸檬汁
海鹽片與現磨黑胡椒
15顆櫻桃蘿蔔

將鹽、蒔蘿與茴香籽放入香料研磨機內攪打均勻,然後將混合物抹在鱒魚肉上,醃製至少4小時,最好隔夜。

第二天,以冷水將魚肉洗淨,並以紙巾拍乾。

按自己想要的煙燻程度,將魚放入煙燻爐裡冷燻20至30分鐘。另一個作法,是在雙層蒸鍋的上層鋪上鋁箔紙,在底層放入浸泡過的木屑,藉此進行冷燻。

將油倒入小鍋內加熱至油溫達攝氏48度(華氏118度)。將醃燻過的鱒魚放入鍋中,在溫熱的油裡泡煮12至15分鐘,直到魚肉完全定型。魚肉應該剛好熟透。將魚肉取出,放在紙巾上瀝乾,再移到碗中。蓋起來放入冰箱冷卻。

用叉子將冷卻的魚肉剝成粗絲。加入蛋黃醬、香草與焙炒過的杏仁,並以檸檬汁、鹽和黑胡椒調味。

用鋒利的蔬菜切片器將櫻桃蘿蔔切成薄片備用。

組合菜餚時,用烹飪勺舀1大勺鱒魚肉醬放在盤子中央整成雞蛋形,然後將櫻桃蘿蔔薄片放在上面,做成魚鱗狀,如圖所示。我喜歡搭配比利時菊苣或烤過的酸種麵包享用這道菜餚。

●

替代魚種

北極紅點鮭
橢斑馬鮫
鱒魚

法式魚頭凍、芥末與醃菜

我喜歡這樣的烹飪風格，簡單的食材經過精心照料與周密準備，可以被轉化成一道讓人驚艷的菜餚。只要克服對「魚頭」的心理障礙，你一定會對烹調這道菜上癮！很重要的一點是，煮熟的魚頭務必徹底挑刺去骨，再壓入陶盆。

12人份

5 公升（160 液盎司／20 杯）褐色魚高湯（見第 67 頁），另將 500 毫升（17 液盎司／2 杯）褐色魚高湯濃縮到剩下 300 毫升（10 液盎司），作為陶盆派的定型液
6 個紅條石斑魚頭，亦可使用其他重量相當的魚種，每個魚頭約 500 公克（1 磅 2 盎司，替代魚種如野生黃尾獅魚、真鯛、海鱸、長體石斑或長尾濱鯛）
1 把蝦夷蔥，切碎
1 把細葉香芹葉，切碎
½ 把扁葉（義大利）香芹，切碎
4 個法國紅蔥頭，切碎
60 公克（2 盎司／½ 杯）酸豆
60 公克（2 盎司／⅓ 杯）醃黃瓜或法式酸黃瓜，切碎
2 小匙第戎芥末醬
海鹽片與現磨黑胡椒

將 5 公升（160 液盎司／20 杯）魚高湯倒入大高湯鍋裡煮沸。鍋子離火，浸入 2 個魚頭並蓋上鍋蓋。泡煮約 12 至 15 分鐘，直到魚頭的肉均勻滑落。重複這個過程三次，將所有魚頭煮熟。

魚頭煮熟後，戴上拋棄式手套，趁熱把魚頭的肉挑出來，確保避開鱗片、骨頭或軟骨。把所有肉都挑出來以後，再檢查一次。

待魚頭冷卻但尚未完全涼透，加入所有香草、紅蔥頭、酸豆、醃黃瓜或法式酸黃瓜、芥末醬與 300 毫升（100 液盎司）濃縮魚高湯。按個人喜好調味，然後將混合物捲成圓柱狀，或是放入容量 1 公斤（2 磅 3 盎司）的陶盆派模，模具裡應鋪上保鮮膜。若使用模具，應將混合物壓緊，不要有縫隙或氣泡（也可以加入不同的配菜裝飾，如半熟蛋或蔬菜）。放在冰箱靜置一晚。

上菜時搭配香草沙拉、優質芥末醬、自製醃菜、冷奶油與熱黑麥麵包。

替代魚種
石斑
無鬚鱈
長體石斑

魚肉卡酥來砂鍋

研發出魚香腸與魚培根的食譜後，我就決定製作一道卡酥來砂鍋風格的菜餚，然而，一直到魚鋪開門以後，我們才實現這個願望。烹調這道菜餚時，要把它分成許多個小型任務，提前做好計畫，否則會讓人覺得有點吃不消。我把這道食譜放在這裡，因為這是我開始思考如何將肉品烹飪方式融入魚料理的世界而做出的第一批菜餚之一。

4人份

100 公克（3½ 盎司／½ 杯）白腰豆（皇帝豆）
1 條煙燻鰻魚，切成 4 公分（1½ 英吋）長段
120 公克（4½ 盎司）酥油
1 條胡蘿蔔，切碎
1 個洋蔥，切末
12 枝百里香
1 頭大蒜
1 個番茄，切碎
1.5 公升（51 液盎司／6 杯）褐色魚高湯（見第 67 頁）
1 塊 200 公克（7 盎司）重的煙燻劍旗魚（見第 60 頁），切成粗長條
4 條魚香腸（見第 206 頁）
600 公克（1 磅 5 盎司）橢斑馬鮫切片（見第 115 頁註），挑刺後切成 4 塊魚排
1 個 400 公克（14 盎司）重的布里歐修麵包
1 個煙燻橢斑馬鮫魚心
1 大匙切碎的龍蒿葉
½ 小匙海鹽

將白腰豆放入冷水中浸泡一晚。

處理煙燻鰻魚，將外層的黑色魚皮剝掉，放在一旁備用。取小刀，將魚肉從魚骨上剔下來。魚骨與魚肉放在一旁備用。

將60公克（2盎司／½杯）酥油放入寬口厚底鍋以大火加熱，放入胡蘿蔔與洋蔥翻炒5分鐘，或炒到稍微上色、變軟。加入預留的煙燻鰻魚皮和魚骨，繼續翻炒5分鐘。加入百里香、大蒜與番茄，倒入淹過食材的魚高湯，加熱至沸騰，再把火關小，熬煮10至20分鐘，直到略微變稠。鍋子離火，靜置讓食材浸漬、冷卻。

放涼後，將高湯移入一只乾淨的大鍋中。加入泡好的豆子，煮沸後轉小火，熬煮45分鐘至1小時，或煮到豆子變軟。

取一只平底鍋，放入煙燻劍旗魚與剩餘的酥油，煎煮6至7分鐘，至魚肉顏色變深且充分焦糖化。放在一旁備用。

在同一只平底鍋內煎魚香腸，大約4分鐘，或煎到每面都變成金黃色。接著，把它們和劍旗魚放在一起，備用。

用2勺熱高湯替煎煙燻魚和魚香腸的平底鍋去除焦渣，將鍋底焦渣刮下來加入湯中。以中火將湯汁煮沸，然後鍋子離火，加入橢斑馬鮫魚排。蓋上鍋蓋，離火泡煮5分鐘。用漏勺取出魚排，移到盤子裡。此時的魚排應有六分熟。

取下布里歐修麵包的麵包皮，放入食品調理機內打成粗麵包屑。用細刨刀將魚心磨到麵包屑裡，並加入龍蒿。以食鹽調味後靜置備用。

打開烤箱的上火燒烤功能。將橢斑馬鮫魚排放入大砂鍋或耐熱大餐盤內，加入煙燻劍旗魚、魚香腸、鰻魚肉（已經剝成小塊）、煮熟的白豆與到食材一半的足量高湯。撒上麵包屑完全覆蓋表面，放入烤箱烘烤8至10分鐘，至麵包屑呈金黃色、烤盤邊緣開始冒泡。上菜前靜置2至3分鐘。鹽烤甘藍（見第152頁）或根芹菜在冬季時節會是非常美妙的搭配。.

替代魚種
南極櫛鯧
剝皮魚
黑線鱈

（參考下頁照片）

炸、煎、炒

●

適合炸、煎、炒的魚種包括

白鯛魚

國公魚

大比目魚

鯡魚

印章魚

黃尾獅魚

鯖魚

鬼頭刀

大西洋銀身鮸或日本銀鮸

烏魚

墨瑞鱈

大沙丁魚

鰈魚

海鱸

圓腹鯡

條紋婢鯺

沙鮻

　　炸魚、煎魚，還有什麼好說的嗎？全球知名，廣受喜愛。無論是康沃爾（Cornwall）碼頭上的炸鱈魚和醋味薯條，或是納什維爾（Nashville）的南方炸鯰魚（catfish）佐玉米粥，都能激起人們的懷舊情緒與慰藉感，這正是它們受到人們喜愛的原因。

　　在煎魚的時候，我更喜歡使用酥油或澄清奶油來代替食用油，因為酥油的發煙點高達攝氏 250 度（華氏 482 度）。此外，它在味道上也優於其他油，能賦予魚皮一股甜味──這是只有奶油衍生物才做得到的。

　　我發現，在煎魚的時候，長時間煎煮魚肉面，會對魚肉造成太大損傷，導致魚肉乾澀，口感太硬。若魚種的魚皮可食用，烹煮時最好保留魚皮。

　　煎魚使用的鍋子，完全取決於你。通常，我用薄鑄鐵平底鍋煎魚，因為這類鍋子能快速產生大量熱量。以下食譜的目的在了解如何運用不同的油脂與烹飪溫度，協助大家建立自信。

左圖、次頁與第134頁：紅條石斑（熟成三日）

酥脆魚皮基礎須知

煎煮帶皮魚肉時需要注意的事項。

1.

魚肉本身。在魚放入熱鍋之前，確保魚肉已恢復常溫。若直接從冰箱拿出來烹調，蛋白質的凝固不均勻，將很難確定熟度，尤其魚的烹調時間又相對較短。

2.

油脂。要煎出酥脆魚皮，我會使用少量酥油開始烹調，在2分鐘以後倒掉並重新加入少量酥油，完成烹煮。

3.

壓魚肉板。如果沒有這個在網路上很容易找到的廚房工具，我很難（雖說不是不可能）煎好魚或烤好魚。這些壓魚肉板不是用來加熱的。在煎魚皮面時，產生的熱能會讓魚皮變脆，熱能藉由魚肉往上傳遞，滯留在壓魚肉板的表面。這可以稍微讓魚排上部定型，同時迫使魚皮與鍋底直接接觸。無論魚排厚薄，使用壓魚肉板，讓你可以直接在爐火上把魚肉煮熟，比較不用依賴烤箱來完成烹飪。然而，如果烹煮很厚的魚排，開始的時候先用壓魚肉板把皮煎脆，待魚皮開始上色，便將壓魚肉板拿開，將魚移入烤箱完成烹煮。另一個代替壓魚肉板的方法，是在厚底小單柄鍋裡裝水，不過這樣做會麻煩很多。

4.

熱源。我們用來煎魚的熱源是燒瓦斯的煎台，也就是一個熱度很高的方形檯面。我烹飪時不喜歡用瓦斯爐，因為要煎酥魚皮需要很高的火力，而在烹飪過程中，水氣從鍋中冒出時，往往會讓瓦斯爐的火焰突然變旺。然而，如果還是要使用瓦斯爐，煮魚的時候鍋子不要太傾斜，以免水珠碰到油脂，造成魚肉周圍點火燃燒。持續不間斷的熱源是烹煮出酥脆魚皮與珍珠般魚肉的關鍵——溫度控制是一切的關鍵。

炸小銀魚

這是一道簡單的小吃，經常出現在魚鋪的菜單上。它的作法很簡單，不過我建議將炸好的小銀魚從油鍋中取出，然後在炭烤架上完成烹飪，如此不但可以讓魚肉多一股鹹香的煙燻味，也能延長小魚口感酥脆的時間。在端上桌前，務必要加以檢查，因為小銀魚的魚鰓和魚鱗都可能挾帶肉眼看不見的細沙。

4人份

2公升（68液盎司／8杯）芥花油（油菜籽油）或葡萄籽油，油炸用
480公克（1磅1盎司）小銀魚（南鯡），去沙
200公克（7盎司／1杯）細米粉
海鹽片
1½小匙黑胡椒粉
½小匙花椒粉
⅛小匙杜松子粉

將油炸用油倒入大單柄鍋內，以中大火加熱至油溫達到攝氏180度（華氏350度）。

若有木炭燒烤爐或小型瓦斯燒烤爐，可以用來進行第二部分的烹飪。這並非必要的烹飪方式，但是它可以提升小銀魚的味道。請先點燃燒烤爐備用。

將一半的小銀魚放入粗目篩中，加入足量米粉，讓表面均勻沾附上薄薄的一層。搖一搖篩子，去除多餘的米粉，然後以同樣的作法處理另一半的魚。小心將少許沾上米粉的小銀魚放入熱油中，炸45秒。取出炸魚，放在紙巾上瀝乾。用鹽調味。以同樣的方式烹煮剩餘的小銀魚。全部炸好後，排在金屬架上。接著，將金屬架連同小魚們放在烘烤爐最熱的地方，用勺子翻動小銀魚，使表面均勻上色。

將魚放入碗中，以黑胡椒、花椒、杜松子粉與更多食鹽調味。搭配蛋黃醬或鯷魚醬與檸檬片，當成餐前開胃小點或下酒菜上桌。

替代魚種
鯷魚
大沙丁魚
圓腹鯡

炸魚薯條

這可能是最著名的魚肉菜餚，以下提供我對這道簡單又挑戰性十足的家常菜的詮釋。我在赫斯頓・布魯門索於英國布雷（Bray）開設的肥鴨餐廳實習的那段時間裡，接觸到這種類型的麵糊，對我來說，它是最棒的麵糊。我在這裡選用了蝴蝶切的福氏厚唇鯔而不是傳統魚排來製作這道菜餚，因為這樣的外觀讓人更印象深刻，而且烏魚的天然油脂可以保持魚肉濕潤美味。

註：如果你想要用這種方法炸薯條，必須提前四天開始準備。

4人份

3 公斤（6 磅 10 盎司）帶皮馬鈴薯，例如南美塞巴戈品種（sebago）、英國愛德華國王品種（king edward）、露莎波木品種（russet burbank）等，食鹽

5 公升（160 液盎司／ 20 杯）棉籽油或葵花油，油炸用

4 塊去皮去骨蝴蝶切的福氏厚唇鯔、舒鱈、黑線鱈或狹鱈魚排，帶頭尾

215 公克（7½ 盎司／ 1½ 杯）自發麵粉

400 公克（14 盎司／ 2¼ 杯）米粉，額外準備沾粉用的量

2 小匙泡打粉

2 大匙蜂蜜

345 毫升（11½ 液盎司）伏特加（酒精濃度 37%）

550 毫升（18½ 液盎司）啤酒

要製作炸薯條，需先將馬鈴薯切成食指長寬的長條狀，然後用冷水浸泡一晚。

第二天，將馬鈴薯瀝乾，移入一只厚底高湯鍋裡。注入淹過馬鈴薯的冷水，以食鹽調味。加熱至沸騰後繼續烹煮10分鐘，或煮到馬鈴薯幾乎要化掉但尚能保持形狀的程度。小心取出馬鈴薯，放到金屬網架上。不加蓋，置於冷凍庫中乾燥一晚。

第三天，將油炸鍋或大單柄鍋內的油加熱至攝氏140度（華氏284度）。油炸薯條5分鐘，或炸到薯條表面形成明顯的硬皮。瀝乾後放涼，再放回冷凍庫，在金屬網架上晾乾一晚。

第四天，從魚排上切下厚度均勻的魚塊，放在紙巾上，準備沾粉和裹麵糊。

製作麵糊時，將麵粉與泡打粉放入大碗中攪拌均勻。將蜂蜜與伏特加酒混合均勻，再倒入麵粉混合物中。倒入啤酒，用打蛋器攪拌均勻。冷藏至需要時取出使用。

在單柄鍋內倒油，加熱至攝氏180度（華氏350度），再次油炸已經預炸過的薯條，直到口感酥脆且變金黃色，約需要5至6分鐘。瀝乾後以食鹽調味。

先替魚塊撒上少許米粉，再放入碗中裹麵糊，然後小心放入熱油中。油炸2分鐘，或炸到非常酥脆。為了讓魚均勻上色，炸到一半的時候可能得翻面。取出炸魚，放在置於托盤上的金屬網架瀝乾。

即刻將炸魚薯條和你最喜歡的調味品、綠葉沙拉和冰啤酒（或康普茶）端上桌。

替代魚種

國公魚
黑線鱈
舒鱈

（參考下頁照片）

白脫牛奶炸南極櫛鯧

由於白脫牛奶醃製的炸雞廣受歡迎，我才有了以類似手法烹調魚肉的想法。經過多次嘗試，我們研究出這個配方，它能帶來美妙的脆皮、輕盈的外層與滑嫩多汁的魚肉。南極櫛鯧非常適合用作這道菜，因為牠的肉非常多汁，不過大隻的印章魚、鱈魚或石斑的效果也相當好。這道菜最適合搭配冰啤酒，或是用白麵包夾起來搭配涼拌捲心菜。

6人份

1公斤（2磅3盎司／3⅓杯）
　帶骨帶皮的南極櫛鯧魚排（或
　使用印章魚、鱈魚、石斑、國
　公魚、大菱鮃鰈魚或鰈魚）
500公克（1磅2盎司）樹薯澱粉
芥花油（油菜籽油）或棉籽油，
　油炸用

綜合調味料

50公克（1¾盎司）鹽膚木粉
　（ground sumac）
50公克（1¾盎司）煙燻紅椒粉
50公克（1¾盎司）現磨黑胡椒
50公克（1¾盎司）現磨芫荽籽
200公克（7盎司／¾杯）細海
　鹽

醃漬料

300毫升（10液盎司）白脫牛奶
500毫升（17液盎司／2杯）
　QP（Kewpie）美乃滋（日式
　蛋黃醬）
1大匙第戎芥末醬
80毫升（2½盎司／⅓杯）白酒
　醋

準備綜合調味料，將所有材料放入碗中混合，並儲存在密封容器中，待需要時取出使用。

將所有醃漬料放入大碗中混合。將魚排擺在烤盤上，再淋上醃漬料。戴上拋棄式手套，將醃漬料均勻抹在魚肉表面，確保均勻沾附。不加蓋，放入冰箱冷藏4至6小時。

在魚肉表面撒上樹薯澱粉，讓表面看起來像是裹上一層質地粗糙的麵糊，然後再放入冰箱冷藏一整晚，同樣不加蓋。

第二天，在油炸前至少1小時從冰箱取出魚肉。將油炸鍋或大單柄鍋內的油加熱至攝氏190度（華氏375度），放入魚肉油炸4至5分鐘，直到內部溫度達到攝氏58度（華氏136度）。取出後置於烤盤上的金屬網架瀝乾4分鐘。

用調味料替炸魚調味，再搭配檸檬或喜歡的佐料，上桌。

替代魚種

無鬚鱈
鬼頭刀
海鱸

麵包粉香炸水針魚、優格塔塔醬與香草沙拉

我非常喜愛麵包粉炸魚（我想部分原因是小時候常吃的魚柳和馬鈴薯泥的緣故）。喜愛的另一個理由，是麵包粉炸魚並非只侷限在不知名的白魚片，也可以使用這種奢華的去骨蝴蝶切水針魚。不過在烹飪時不要只圖省事，一定要用酥油和平底鍋油煎，而不是油炸。

4人份

4 條 200 公克（7 盎司）水針魚，
　去鱗去內臟去鰓後倒蝴蝶切
　（見第 55 頁）
150 公克（5½ 盎司／1 杯）中
　筋麵粉
4 個雞蛋，稍微打散
120 公克（4½ 盎司／2 杯）日
　式麵包粉
400 公克（14 盎司）酥油
海鹽片與現磨白／黑胡椒
檸檬片

優格塔塔醬

375 公克（13 盎司／1½ 杯）原
　味優格
3 個大法國紅蔥頭，切丁
1 大匙小顆粒的鹽醃酸豆，沖洗
　後擦乾切碎
60 公克（2 盎司／⅓ 杯）法式酸
　黃瓜，略切
2 大匙義大利扁葉香芹，切碎

香草沙拉

一撮鹽
1 小匙（細）砂糖
6 個法國紅蔥頭，切成細圓環
140 毫升（4½ 液盎司）特級初
　榨橄欖油
50 毫升（1¾ 液盎司）夏多內白
　酒醋或白酒醋加一撮糖
義大利扁葉香芹、蒔蘿、細葉香芹
　與法國龍蒿各 1 把，摘下葉子
30 公克（1 盎司／1 杯）水芹菜葉
35 公克（1¼ 盎司／1 杯）芝麻葉
2 個大奶油萵苣，撕成適口大小

●

替代魚種

鯡魚
烏魚
沙鮻

製作塔塔醬時，將所有材料放入碗中拌勻，靜置備用。

烤箱預熱到攝氏100度（華氏210度）。

抓著魚尾，沾上麵粉，再浸入蛋液，最後裹上麵包粉，輕壓使均勻沾附。將處理好的魚放在烤盤上。以同樣作法處理剩下的魚。

將三分之一的酥油放入大平底鍋，以大火加熱。油熱後放入兩條魚煎2分鐘，或是煎到皮酥金黃，然後翻面繼續煎1分鐘。將煎好的魚放入烤盤，放進烤箱保溫。擦拭平底鍋，以剩餘的酥油煎好剩下的魚。

製作沙拉時，將食鹽、糖與紅蔥頭放入一只碗中混合，靜置10分鐘，再倒入橄欖油與醋。將香草、水芹菜、芝麻葉與萵苣放入另一只碗中，淋上足量油醋醬，讓菜葉均勻沾附（剩下的油醋醬可以放入密封容器中冷藏一週）。

充分調味炸魚，搭配檸檬片、幾匙塔塔醬與香草沙拉上桌。

沙丁魚三明治

誰不愛吃軟白麵包夾魚做成的三明治呢？烹調這道菜餚的一個重點，在於用平底鍋和酥油來煎沙丁魚，而不是油炸，因為這樣做出來的味道更好，而且熟度也更容易控制。你可以用優格塔塔醬（見第144頁）代替辣醬或蛋黃醬。這款三明治變化多端，許多魚種都適合使用，包括鯡魚、沙鮻、白鯛魚與牛尾魚等。

2人份

150 公克（5½ 盎司／1 杯）中
　筋麵粉
4 個雞蛋，稍微打散
120 公克（4½ 盎司／2 杯）口
　式麵包粉
8 條重 60 公克（2 盎司）的沙丁
　魚，去鱗去內臟後蝴蝶切
70 公克（2½ 盎司）酥油
海鹽片與現磨黑胡椒
4 片軟白麵包
100 公克（3½ 盎司）優格塔塔
　醬（見第 144 頁）

先讓蝴蝶切的沙丁魚沾上麵粉，然後浸入蛋液，再沾上麵包粉。注意不要讓魚尾沾上麵包粉。

在平底鍋放入酥油，以大火加熱，分批將沙丁魚煎熟，第一面煎1分鐘，或是煎到酥脆金黃，然後翻面繼續煎10至20秒。起鍋後以鹽和黑胡椒調味。

切掉麵包邊。在麵包片上抹滿塔塔醬，然後放上四條沙丁魚。然後，再將剩餘的塔塔醬抹上去，並放上另一片麵包。

擺盤時，沙丁魚的金黃色邊緣應明顯露出來，另一側露出小尾巴。.

替代魚種

鯷魚
鯡魚
沙鮻

香煎魚領

無論是哪種魚，魚領的含肉量總是讓我感到驚訝。我建議在這裡用茴香蛋黃醬來搭配（香草沙拉或醃蔬菜也會是很好的配菜），不過實際上，任何能與豬排或雞排搭配的傳統配料都能與這道菜完美結合。

4 人份

4 個川紋笛鯛魚領
2 大匙茴香籽
120 公克（4½ 盎司／2 杯）日式麵包粉
150 公克（5½ 盎司／1 杯）中筋麵粉
4 個雞蛋，打散
80 公克（2¾ 盎司）酥油
海鹽片與現磨黑胡椒

野茴香蛋黃醬（非必要）

2 個蛋黃
½ 大匙第戎芥末醬
2 小匙白酒醋
細鹽，用量依個人喜好
250 毫升（8½ 液盎司）葡萄籽油
½ 顆檸檬汁，用量依個人喜好
1 大匙茴香花粉、芹菜籽或茴香籽粉，用量依個人喜好

製作蛋黃醬時，把碗放在鋪了茶巾（洗碗巾）的單柄鍋上，增加穩定性。在碗裡加入蛋黃、芥末醬、醋與食鹽，用打蛋器攪打均勻。繼續攪打，慢慢滴入葡萄籽油，形成濃稠的乳化劑。試吃味道，並按個人喜好加入額外的鹽、檸檬汁與茴香花粉來調整。蛋黃醬的質地應該相當於打到六分發的鮮奶油，必要時可以用一點溫水調整。

將魚領放在砧板上，皮朝下。用一把鋒利的短刀將骨頭切下來。作法是，用手指摸到骨頭的輪廓，然後將刀子從儘量靠近骨頭處切下去。用肉鎚輕輕把魚領肉敲成肉片或豬排的形狀。

將茴香籽加入日式麵包粉裡。替魚領肉撒上麵粉，然後依序沾上蛋液與麵包粉。確保魚鰭部分不要沾上麵包粉。

大火將平底鍋燒熱，加入酥油並等到鍋中出現淡淡霧氣。每次煎兩塊魚領，每面煎 1.5 分鐘，直到金黃。起鍋後放在紙巾上瀝乾再調味。

煎好的魚領可以整塊上桌，也可以切成片狀。上桌時搭配野茴香蛋黃醬，亦可擠上檸檬汁。

替代魚種

白鯛魚
真鯛

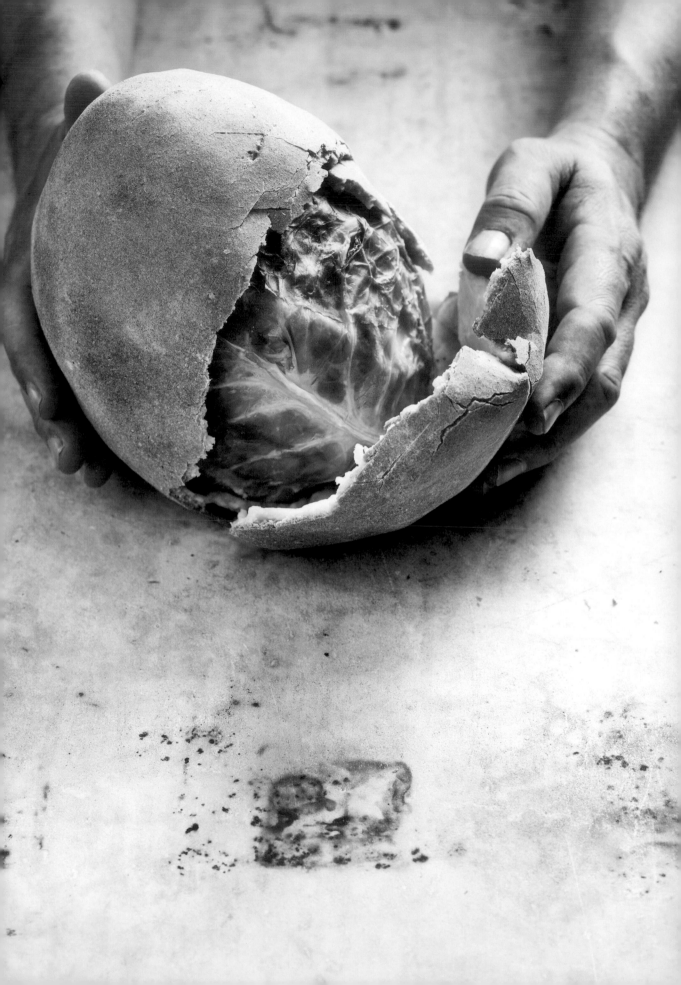

長鰭線指鰤、鹽烤尖頭甘藍與異株蕁麻醬

我第一次吃到這種深海鯛魚的時候，幾乎不敢相信這麼美味。對我來說，牠與澳洲最好的魚之一 —— 條紋䚺鰤 —— 擁有非常相似的質地與味道。優質的線釣魚會有一層漂亮的皮下脂肪，無論在鍋裡或烤架上都會有很好的表現。你可以在澳洲天氣較冷時享受這道菜餚，此時的蕁麻與甘藍正多汁，魚肉正肥美。

4人份

4 塊重 175 公克（6 盎司）的去
　骨長鰭線指鰤，帶皮
200 公克（7 盎司）酥油
海鹽片

鹽烤甘藍

300 公克（10½ 盎司／2 杯）中
　筋麵粉，另準備沾粉需要的量
210 公克（7½ 盎司／¾ 杯）細鹽
75 公克（2¾ 盎司）蛋白
150 毫升（5 液盎司）水
1 個大尖頭甘藍
檸檬汁，用量依個人喜好

蕁麻醬

1 公升（34 液盎司／4 杯）水
100 公克（3½ 盎司／⅓杯）細鹽
400 公克（14 盎司）異株蕁麻葉
1 大匙法式酸黃瓜或酸豆的醃漬
　液（可以用商店裡買的）
3 條鰻魚
100 公克（3½ 盎司）冰奶油，
　切丁
海鹽片與現磨黑胡椒
2 大匙原味優格

替代魚種

白鯛魚
真鯛

如果魚肉表面有水分，將魚肉放在金屬架上，魚皮朝上，在煎之前至少冷藏 2 小時。

若可取得木炭燒烤爐或瓦斯燒烤爐，可以用於第二部分的烹煮。要烤甘藍時，將烤箱預熱至攝氏 180 度（華氏 350 度）。

用裝上麵團勾的抬頭式攪拌機，低速混合攪拌麵粉、鹽、蛋白與水 5 分鐘，或直到形成紮實的麵團。將麵團倒在稍微撒了麵粉的工作檯面上，揉成球狀。用保鮮膜包好，鬆弛至少 1 小時。

簡單沖洗甘藍，然後取出麵團桿成 3 公釐（¼ 英吋）厚的麵皮。將麵皮放在甘藍上，把甘藍完全包起來。烤盤鋪上烘焙紙，放入甘藍，進烤箱烘烤 6 小時，或是烤到菜葉非常柔軟，麵皮變成深焦糖色。烤好後讓甘藍靜置至少 20 分鐘，再把麵皮掰開。

製作蕁麻醬時，先取一只有蓋的鍋子，注入清水並放入食鹽，將水燒開。蕁麻葉下鍋，攪拌，使之完全浸入水中。蓋上鍋蓋烹煮 30 秒後取出，用乾淨的茶巾（洗碗巾）擰乾所有水分。

準備好一只裝滿冰水的碗。將酸豆醃漬液、鰻魚與蕁麻葉放入果汁機打 1 分鐘，或是打到形成菜泥。慢慢在菜泥中加入冰奶油丁，直到完全乳化，蕁麻醬應有黏稠質地且帶有光澤。將蕁麻醬倒入碗中，再放入冰水碗裡。攪拌至完全冷卻。放在冰箱裡保存，待需要時取出使用。因為加入了酸豆醃漬液，經過幾個小時後，蕁麻醬會因為酸而開始變色。另一個作法是在最後一刻再將酸豆醃漬液當作調味料來使用。

煮魚時，取一只鑄鐵平底鍋或一般的平底鍋，以大火加熱。加入 60 公克（2 盎司／¼ 杯）酥油，等到鍋中出現淡淡霧氣。放入兩片魚，確保它們互不接觸，並將魚肉壓板放在魚肉最厚的地方。大約 1 分鐘後，你會看到魚排邊緣開始變色，此時可以將魚排移到鍋內另一個位置。將壓板放在魚排中央，把大部分魚排蓋起來。再經過 1 分鐘後，取下壓板，倒掉鍋中酥油，再放入 40 公克（1½ 盎司）新鮮酥油。若魚排摸起來涼涼的，則將壓板放上去 1 至 2 分鐘。一旦魚肉定型 75% 以後，魚排上面會是溫暖的，且魚皮酥脆，此時便可將魚排移至金屬架上，魚皮朝下。

接下來這個步驟並非必要，但它能讓魚皮更酥脆。將魚排置於烤架上溫度適中處，魚皮朝下，不時用鉗子檢查魚皮的顏色。

將蕁麻醬加熱，加以調味後舀入溫熱的餐盤中。在蕁麻醬中間放點優格。用湯匙背面將甘藍外的麵皮敲開，把甘藍挖出來放在盤裡，然後放上魚排。以食鹽替魚皮調味。立即端上桌。

（參考前頁照片）

紅條石斑與魚頭、莙薘菜捲佐綠女神醬

紅條石斑是澳洲最好吃的魚之一，我在這裡用牠來展示不同部位與烹飪程度。鰤魚、馬鰶與鬼頭刀都是可以用在這種烹調方式的候選魚種。

2人份

2 塊重 150 公克（5½ 盎司）去
　骨紅條石斑帶皮魚排
100 公克（3½ 盎司）酥油
2 塊紅條石斑下頜垂肉
海鹽片
¼ 顆檸檬汁

綠女神醬

1 公升（34 液盎司／4 杯）水
100 公克（3½ 盎司）細鹽
100 公克（3½ 盎司）義人利扁
　葉香芹葉
50 公克（1½ 盎司）龍蒿葉
50 公克（1½ 盎司）蒔蘿葉
1 把蝦夷蔥
50 毫升（1¾ 盎司）酸豆醃漬液
3 條鯷魚
100 公克（3½ 盎司）酸奶油
海鹽片
一撮（細）砂糖

莙薘菜（silverbeet）捲

2 塊紅條石斑魚領
40 公克（1½ 盎司）酥油
1 塊紅條石斑醬魚喉（見第 90 頁）
海鹽片與現磨黑胡椒
1 把莙薘菜葉，去莖
¼ 顆檸檬汁
1 大匙蝦夷蔥末

替代魚種

鰤魚
鬼頭刀
馬鰶

製作綠女神醬時，將水與鹽放入大鍋中燒開。加入香草，攪拌使完全浸入水中，然後蓋上鍋蓋烹煮 30 秒。將香草取出，用乾淨的茶巾（洗碗巾）擰乾所有水分。

準備好一只裝滿冰水的碗。將酸豆醃漬液、鯷魚與香草放入果汁機攪拌 2 分鐘，打成菜泥。將菜泥移入碗中，在放入冰水碗裡，攪拌至冷卻。將菜泥放回果汁機裡，加入酸奶油攪拌均勻。以食鹽和糖調味後冷藏。由於用了酸豆醃漬液，經過幾個小時後，醬會因為酸而開始變色。另一個作法，是在最後一刻將酸豆醃漬液當作調味料來使用。

若可取得木炭燒烤爐或瓦斯燒烤爐，可以用於第二部分的烹煮。加熱燒烤爐。

替魚領刷上少許酥油，加鹽調味。烤 5 分鐘，或烤到魚肉變半透明且魚皮起泡。靜置降溫，待溫度降到可以徒手拿起的程度，將魚肉從魚骨與軟骨中取出，並將此加入魚喉中，靜置備用。

煮魚時，取一只鑄鐵平底鍋或一般的平底鍋，以大火加熱。加入 60 公克（2 盎司／¼ 杯）酥油，等到鍋中出現淡淡霧氣。放入魚排，確保它們互不接觸，並將魚肉壓板放在魚肉最厚的地方。大約 2 分鐘後，你會看到魚排邊緣開始變色，此時可以將魚排移到鍋內另一個位置。將壓板放在魚排中央，把大部分魚排蓋起來。再經過 1 分鐘後，取下壓板，倒掉鍋中酥油，再放入 40 公克（1½ 盎司）新鮮酥油。若魚排摸起來涼涼的，則將壓板放上去 3 至 4 分鐘。一旦魚肉定型 75% 以後，魚排上面會是溫暖的，魚皮酥脆，此時便可將魚排移至金屬架上，魚皮朝下。

接下來這個步驟並非必要，但它能讓魚皮更酥脆。將魚排置於烤架上溫度適中處，魚皮朝下，燒烤期間不時用鑷子檢查魚皮的顏色。

替下頜垂肉刷上酥油，加鹽調味。用中火烤至熟透，此時的肉應該還是半透明的。用鹽和檸檬汁調味。

烹煮莙薘菜時，用煮魚的鍋，放入酥油加熱至融化，然後把菜葉一條條鋪在鍋底。將魚肉壓板放上去，烹煮 2 分鐘。移開壓板，放入魚喉與魚領，用菜葉捲起來。以鹽、黑胡椒和少許檸檬汁調味。

上菜時，將 2 大匙綠女神醬舀到餐盤中央，然後把魚排放在上面。將莙薘菜捲與烤下頜垂肉也放到盤子裡，然後在莙薘菜捲上撒上 1 匙蝦夷蔥並加以調味。

（參考第155頁照片）

橢斑馬鮫佐茄香下水XO醬

這道食譜裡的茄子幾乎可以自成一道菜 —— 魚下水製作的XO醬鮮味十足,與茄子絲滑豐潤的口感形成對比。最好的橢斑馬鮫能與滋味豐富的茄子相抗衡,因為牠帶有一種奇妙的天然柑橘酸味。橢斑馬鮫最好不要煮熟,至多煮到五分熟,才能體驗到這個美味魚種真正的口感與味道。

4人份

2個中型茄子
100毫升(3½液盎司)特級初榨橄欖油
海鹽片與現磨黑胡椒
200公克(7盎司)魚下水XO醬(第66頁)
100公克(3½盎司)酥油
2塊重300公克(10½盎司)的橢斑馬鮫魚排
200公克(2盎司/4杯)嫩菠菜(English spinach)或濱藜(saltbush)葉
1顆萊姆汁

烹煮茄子時,先將烤箱預熱到攝氏200度(華氏400度),並在烤盤裡鋪上烘焙紙。

茄子去皮,將茄子皮丟掉,然後茄子切成厚度2.5至3公分(1至1¼英吋)的均勻厚片。刷上橄欖油,稍微用鹽調味,再放到準備好的烤盤上。將另一張烘焙紙蓋在茄子上,烘烤12至15分鐘,至茄子變軟。取出後放涼。

在每塊茄子上舀上50公克(1¾盎司)的魚下水XO醬,用明火烤爐或烤箱上火功能,將表面烤出硬皮。烤好後保溫。

烹煮橢斑馬鮫時,取一只鑄鐵平底鍋或一般的平底鍋,以大火加熱。加入60公克(2盎司/¼杯)酥油,等到鍋中出現淡淡霧氣。放入魚排,確保牠們互不接觸,並將魚肉壓板放在魚肉最厚的地方。大約1分鐘後,你會看到魚排邊緣開始變色,此時可以將魚排移到鍋內另一個位置。將壓板放在魚排中央,把大部分魚排蓋起來。再經過3分鐘後,取下壓板,倒掉鍋中酥油,再放入40公克(1½盎司)新鮮酥油。若魚排摸起來涼涼的,則將壓板放上去2分鐘,時間按厚度而定。一旦魚肉定型75%以後,魚排上面會是溫暖的,魚皮酥脆,此時讓魚排離火,翻過來10秒,然後移到餐盤上靜置。

菠菜下鍋,用鍋鏟翻炒,讓菠菜均勻沾附酥油,待菜葉軟化。以少許鹽、黑胡椒與萊姆汁調味。

將魚排放在砧板上,魚皮朝下,用鋒利的刀子將魚排切成兩半。將切好的魚排分別放到盤子的中央。茄子上下對折,放在魚排旁邊,然後將菠菜放在魚排和茄子的中間和周圍。將萊姆汁加入烤盤上剩餘的XO醬裡,再淋到茄子上。上菜前用海鹽替魚排調味。

替代魚種
大西洋油魣
鯖魚
鬼頭刀

條紋鲈鱸、松茸、香芹與大蒜

在所有可食用魚中，條紋鲈鱸在我心目中排名前三，因為牠有著甜鹹均衡的完美滋味。正因為如此，你可以透過佐料的選擇，將牠往甜味的方向推，例如用豌豆、茴香或芳香蔬菜與香草。當然，你也可以反其道而行，使用更帶泥土味的鹹香食材，如婆羅門參、朝鮮薊、甜菜根、或是這裡所使用的松茸。

4人份

200公克（7盎司）蒜瓣
50公克（1¾盎司或¼杯）（細）砂糖
150公克（5½盎司）有鹽奶油
½小匙澳洲百里香或檸檬百里香的葉子
150毫升（5液盎司）水
220公克（8盎司）酥油
300公克（10½盎司）松茸、雞油蕈或野蘑菇，蕈摺刷乾淨並切成厚片
100毫升（3½液盎司）褐色魚高湯（見第67頁）
海鹽片與現磨黑胡椒
½顆檸檬汁
1把扁葉（義大利）香芹，摘葉
4塊重180公克（6½盎司）的去骨條紋鲈鱸、鱈魚、白鯛魚、真鯛或國公魚魚排，帶皮

烤箱預熱到攝氏200度（華氏400度）。將大蒜、糖、50公克（1¾盎司）奶油、百里香與水放入可以進烤箱的耐熱平底鍋，燒開後繼續沸煮4分鐘。接著，把平底鍋放入烤箱，烘烤10分鐘，直到所有液體蒸發、大蒜變軟且開始上色。然後，將平底鍋放回爐子上，繼續以中火烹煮5分鐘。大蒜應該軟黏且帶有甜味。煮好後靜置備用。

將120公克（4½盎司或½杯）酥油放入大半底鍋內以大火加熱。下松茸，用鹽稍稍調味，繼續翻炒2分鐘，直到松茸變色並開始變軟。按個人喜好加入焦糖化的大蒜、高湯與剩餘奶油，加熱至微滾並繼續煮3至4分鐘，或是煮到液體收成濃稠糖漿狀。試吃味道，並以鹽、檸檬汁、香芹與黑胡椒進行調整，之後再煮30秒。將松茸與醬汁分別放到四只溫熱的餐盤上，同時加以保溫。

煮魚時，取一只鑄鐵平底鍋或一般的平底鍋，以大火加熱。加入60公克（2盎司／¼杯）酥油，等到鍋中出現淡淡霧氣。放入魚排，確保牠們互不接觸，並將魚肉壓板放在魚肉最厚的地方。大約1分鐘後，你會看到魚排邊緣開始變色，此時可以將魚排移到鍋內另一個位置。將壓板放在魚排中央，把大部分魚排蓋起來。再經過3分鐘後，取下壓板，倒掉鍋中酥油，再放入40公克（1½盎司）新鮮酥油。若魚排摸起來涼涼的，則將壓板放上去1至2分鐘，時間按厚度而定。一旦魚肉定型75%以後，魚排上面會是溫暖的，魚皮酥脆，便可將魚排移到松茸上。烹煮剩餘魚排。以海鹽替魚皮調味，即可上桌。

替代魚種
無鬚鱈
印章魚
大菱鮃鰈魚

印章魚肝醬

我一直很想拿魚肝來製作肝醬。隆冬時節，魚肝數量充足，且品質極佳。在整個處理與烹調的過程中，一定要注意衛生。並非所有魚肝都適合用來製作，你可以選用當季的橫帶石斑、印章魚、或野生黃尾獅魚等的魚肝，其質地都相當紮實肥美。這道菜適合搭配布里歐修吐司與優質水果甜酸醬。

4人份

2½ 大匙白酒醋
2½ 大匙白酒
6 個法國紅蔥頭，切薄片
½ 小匙百里香
2½ 大匙酥油
300 公克（10½ 盎司）修整過的
　　印章魚魚肝
120 公克（4½ 盎司）軟化奶油
海鹽片與現磨黑胡椒

將醋、酒、紅蔥頭與百里香放入小鍋中，以中火加熱5分鐘，或直到液體收成糖漿狀。

酥油放入平底鍋以大火加熱至鍋中出現淡淡霧氣。魚肝下鍋，煎到每面都充分焦糖化，總共約1分鐘。將魚肝移入果汁機中，加入香草濃縮液攪打2分鐘，或打至滑順。

準備一只裝滿冰水的碗。將混合物從果汁機中取出，放到圓筒篩或細目篩裡，用蛋糕刮板或刮刀讓混合物過篩，放入另一只碗中，再將碗放到冰水裡稍微冷卻。

將奶油放入裝設打蛋器附件的抬頭式攪拌機裡，打到發白且體積增加一倍。或者，使用電動打蛋器。將冷卻的肝醬加入奶油中，攪拌2分鐘至滑順。適當調味，在端上桌前冷藏1小時。

替代魚種

南極櫛鯧
無鬚鱈
鮟鱇魚

橫帶石斑魚肝與香芹三明治

這是我最喜歡烹煮、享用和招待客人的菜餚。稍經烹煮的香芹帶有礦物味與新鮮口感，依偎在煎封過的鱈魚肝旁……對我來說，這是發揚這個被大多數人低估的食材的絕佳方式。

1人份

90 公克（3 盎司）酥油
200 公克（7 盎司）橫帶石斑魚肝
1 大匙米粉
30 公克（1 盎司）義大利扁葉香芹葉
海鹽片與現磨黑胡椒
¼ 個檸檬汁
2 片厚約 1 公分（½ 英吋）酸種麵包片
將 30 公克（1 盎司）酥油放入鑄鐵平底鍋或一般平底鍋內，大火加熱。

替魚肝撒上米粉，再拍掉餘粉。魚肝下鍋煎 2.5 至 3 分鐘，時間按厚度而定。魚肝應煎到表面金黃，內部泛粉紅色。取出魚肝，用同一只鍋與剩餘的酥油，快速拌炒香芹，以食鹽調味並擠上檸檬汁，烹調 15 秒後淋在一旁靜置的魚肝上。

在平底鍋內另外放入 60 公克（2 盎司）酥油，並加入麵包。在麵包上面放上魚肉壓板，烹煮 1 分鐘，或煎到變金黃色。移開壓板，將麵包翻面，繼續煎 30 秒，然後起鍋放在魚肝與香芹旁邊。

擺盤時，將魚肝切成 4 片。放上煮熟的香芹，並幫麵包調味。

替代魚種

無鬚鱈
印章魚
鮟鱇魚

英式瑪芬堡夾煙燻劍旗魚煎蛋

這款英式瑪芬堡常見於聖彼得餐廳的週末午餐菜單。如果你不知道它到底用了什麼材料，相信它一定可以和豬肉蛋堡正面對決。這款瑪芬堡和魚香腸的搭配也極為美妙，第167頁的煙燻鰻魚薯餅更是搭配這款早午餐新寵的絕佳選項。

4人份

60公克（2盎司）酥油
200公克（7盎司）煙燻劍旗魚（見第60頁），切成薄片
4個雞蛋
番茄醬
現磨黑胡椒

英式瑪芬堡

500公克（1磅2盎司／3⅓杯）高筋麵粉
8公克（⅓盎司）食鹽
300毫升（100液盎司）牛奶
1顆全蛋
30公克（1盎司）軟化奶油
6公克（不到2小匙）速發乾酵母
中筋麵粉，沾粉用
杜蘭小麥粉，沾粉用
120公克（4½盎司）酥油，烹煮用

製作英式瑪芬堡時，將除了中筋麵粉、杜蘭小麥粉與酥油以外的所有材料放入裝有麵團勾的抬頭式攪拌機，以中低速攪拌10分鐘。將麵團移到稍微撒了麵粉的工作檯面上，揉成球狀。將麵團放入抹油的碗中，蓋上保鮮膜，放入冰箱發酵一晚，直到變成兩倍大。

第二天，將麵團放在撒上杜蘭小麥粉的工作檯面上，擀成1.5公分（½英吋）厚度。用傳統煎蛋圈切成圓形。蓋起來，在工作檯面上發酵10至15分鐘。

烤箱預熱至攝氏150度（華氏300度）。加熱平底鍋，放入少許酥油，分批煎英式瑪芬，邊煎邊加入更多酥油，煎2分鐘，將兩面都煎出漂亮的顏色。移入烤箱繼續烹煮10分鐘，或直到烤熟。

將烤箱溫度調升到攝氏180度（華氏350度）。將一半的酥油放入可以進烤箱的平底鍋裡，煎魚肉4分鐘，將魚肉煎到金黃酥脆。取出並保溫。

用同一只鍋，加入剩餘酥油，用煎蛋圈煎蛋1分鐘，煎到蛋底金黃酥脆。移入烤箱烘烤1分鐘。

在烤好的英式瑪芬堡上抹少許番茄醬，放上大量煎魚片，再放上煎蛋和少許黑胡椒。接著，在瑪芬堡上層內側也抹上少許番茄醬，最後，把它蓋到煎蛋上，即可上桌。

傳統澳式早餐

用健康一點的方式開始一天的生活……

4人份

120 公克（4½ 盎司）酥油
200 公克（7 盎司）棕灰口蘑菇
　（grey ghost mushrooms）或
　其他優質菇蕈
海鹽片與現磨黑胡椒
50 公克（1¾ 盎司）奶油
160 公克（5½ 盎司）煙燻劍旗
　魚（見第 60 頁）
4 條魚肉香腸
4 個雞蛋
4 塊厚度 1 公分（½ 英吋）的黑
　麥長棍麵包
100 毫升（3½ 液盎司）特級初
　榨橄欖油
4 枝捲葉香芹

鰻魚薯餅

6 個蠟質馬鈴薯，例如紅皮馬鈴
　薯
½ 條煙燻鰻魚，保留魚皮與魚
　骨，魚肉用叉子弄碎
50 公克（1¾ 盎司或⅓ 杯）中筋
　麵粉
1½ 小匙食鹽
1½ 小匙（細）砂糖
1 人匙脫脂奶粉
2 個雞蛋
1 公升（34 液盎司／4 杯）芥花
　油（油菜籽油），油炸用

煙燻魚心焗豆

100 毫升（3½ 液盎司）特級初
　榨橄欖油
1 個紅洋蔥，切碎
1 瓣大蒜，最好用專業刨刀磨成
　泥
½ 條紅辣椒，去籽
½ 小匙煙燻紅椒粉
350 毫升（12 液盎司）義式番茄
　糊（番茄泥）
400 公克（14 盎司）煮熟瀝乾的
　白腰豆
海鹽片與現磨黑胡椒
1 個煙燻橢斑馬鮫心，磨碎（最
　好使用專業刨刀）

製作薯餅時，將馬鈴薯與煙燻鰻魚的皮和骨（如果有的話）放入大鍋中煮沸。蓋上鍋蓋煮 5 分鐘。煮好後瀝乾放涼，然後用刨絲器將馬鈴薯磨碎，放入碗中並加入剩餘材料，將混合物做成 110 公克（4 盎司）的小塊。

將油炸用油放入大單柄鍋內，以中大火加熱至油溫達到攝氏 180 度（華氏 350 度）。放入薯餅油炸 2 至 3 分鐘，至表面金黃，然後取出放在紙巾上瀝乾。以海鹽調味。

製作焗豆時，將烤箱預熱到攝氏 180 度（華氏 350 度）。

將橄欖油倒入大鍋裡加熱，放入洋蔥、大蒜、辣椒與煙燻紅椒粉拌炒 5 分鐘，至洋蔥開始變軟。加入番茄糊、少量清水與瀝乾的白腰豆。略以鹽調味，再將混合物倒入烤盤中，放入烤箱烘烤 1 小時，讓醬汁收乾變稠。烤好後保溫備用。

取一只大平底鍋，放入少量酥油以大火加熱至鍋內出現淡淡霧氣。切好的菇下鍋，稍微調味後翻炒 1 分鐘。加入指節大小的奶油與一些黑胡椒。倒入碗中保溫備用。

取另一只平底鍋，放入少量酥油以中火加熱，煙燻劍旗魚下鍋煎 3 分鐘，直到表面焦糖化且變酥脆。靜置保溫備用。以同樣的方式煎魚肉香腸 3 至 4 分鐘，直到表面酥脆上色。靜置保溫備用。雞蛋打入鍋中，烹煮到你喜歡的熟度，保溫備用。

大火燒熱燒烤盤，在黑麥麵包片表面刷上橄欖油，放上去烘烤。將麵包放在溫熱的餐盤上，然後放上 1 大匙焗豆、炒菇、1 條魚肉香腸、煙燻劍旗魚、1 個煎蛋與 1 塊鰻魚薯餅，然後以香芹裝飾。搭配血腥瑪莉上桌。

替代魚種

煙燻鯤魚
煙燻沙丁魚
煙燻圓腹鯡

（參考下頁照片）

基輔炸斑似沙鮻

在我的成長過程中，基輔炸雞一直被當成是一道高級的晚餐菜餚，吃到的機會不多。在思考如何將這個技術運用在魚肉上時，我們決定採用可說是澳洲最棒的食用魚 —— 斑似沙鮻。在餐廳，我們可以使用能幫助蛋白質結合的轉麩醯胺酶（肉膠），如此便可去除所有硬骨與軟骨，製造出一塊無縫的組合肉，將奶油保留在魚肉中。在家烹調這道菜的時候，煎炸時的替代方法是用牙籤將肉固定在一起。在填餡前先試吃並調整奶油的量，大蒜用量可依個人偏好增減。

4人份

4 塊去骨的蝴蝶切斑似沙鮻或其
　他沙鮻，約 250 公克（9 盎司）
150 公克（5½ 盎司／1 杯）中
　筋麵粉
4 個雞蛋，需稍微攪打
180 公克（6½ 盎司／3 杯）日
　式麵包粉
2 公升（68 液盎司／8 杯）棉籽
　油或葵花油，油炸用
檸檬片與綠葉沙拉，佐菜用

蒜香奶油

60 公克（2 盎司）有鹽奶油，軟
　化
1 大匙義大利扁葉香芹，切末
1 大匙蝦夷蔥，切末
2 瓣大蒜，磨成泥，最好使用專
　業刨刀

製作蒜香奶油時，將所有材料攪拌至混合均勻，然後放在一張保鮮膜上，捲成 1 公分（½ 英吋）寬的長條。冷凍至變硬，再切成 4 等分。

將魚肉擺在面前，尾端朝向你。將冷凍蒜香奶油放在魚肉中央，再將魚肚拉起來包住奶油。沿著腹腔插上 5 根牙籤固定，不要有任何縫隙。除魚頭外，其餘部分撒上麵粉，再沾上蛋液，裹上麵包粉。以同樣的方式處理其餘魚肉。冷藏 30 分鐘。

將油倒入厚底大單柄鍋內，加熱到探針溫度計顯示油溫達攝氏 180 度（華氏 350 度）。將 2 條魚放進去油炸 4 分鐘。小心取出，並移除牙籤。以同樣的方式炸好另外 2 條魚。

整條魚搭配檸檬片和綠葉沙拉一起端上桌。

替代魚種

鯡魚
烏魚
其他沙鮻

跳進嘴裡的劍旗魚

鼠尾草與培根的搭配，依然存在於這道以劍旗魚來詮釋的經典食譜中。這裡要特別注意的是，魚肉不要煮太久，上菜時搭配檸檬片或香草沙拉與番茄乾。

2 人份

12 大片鼠尾草
2 塊 160 公克（5½ 盎司）劍旗
　　魚腰肉排，取自中段，厚度約
　　2 公分（¾ 英吋）
100 公克（3½ 盎司）煙燻劍旗
　　魚（見第 60 頁），切成 10 條
　　長 15 公分（6 英吋）寬 1 公分（½
　　英吋）的長條
60 公克（2 盎司）酥油

將 6 片鼠尾草葉放在其中一塊劍旗魚排上，覆蓋整個表面，然後鋪上 5 條煙燻劍旗魚，兩兩之間間隔均勻。用魚柳把魚排包起來，用牙籤固定好。以同樣的方式處理另一片魚排。

酥油放入平底鍋以中火加熱，鼠尾草面朝下，將魚排放入鍋中煎 3 分鐘，或煎至金棕色。翻面，繼續煎 2 至 3 分鐘，時間按厚度而定。起鍋後移除牙籤，靜置幾分鐘再端上桌。

替代魚種

剝皮魚
鮟鱇魚
沙鮻

煙燻鰻魚與甜菜醬多拿滋

結合煙燻、鹹甜、酸味與乳脂般的香鹹滋味，是很棒的開胃菜，甚至也可以是解決嘴饞的小零食。

約30個多拿滋的分量

2 個蠟質馬鈴薯，例如紅皮馬鈴薯，去皮後切成四半
50 公克（1¾ 盎司／¼ 杯）細鹽
½ 條熱煙燻鰻魚，去骨去皮後保留魚骨魚皮，魚肉用叉子弄碎
250 公克（9 盎司／1 杯）酸奶油
海鹽片與現磨黑胡椒
檸檬汁，用量依個人喜好
一撮現磨肉豆蔻

甜菜泥

1 個大甜菜，去掉葉子
海鹽片
1½ 大匙特級初榨橄欖油
2 枝檸檬百里香
80 公克（2¾ 盎司／⅓ 杯）（細）砂糖
50 毫升（1¾ 液盎司）紅酒醋

多拿滋

30 公克（1 盎司）新鮮酵母
135 毫升（4½ 液盎司）水
525 公克（1 磅 3 盎司／3½ 杯）高筋麵粉，另準備撒粉用的量
60 毫升（2 液盎司／¼ 杯）全脂牛奶
85 公克（3 盎司／⅓ 杯）（細）砂糖
115 公克（4 盎司）蛋黃
60 公克（2 盎司）酥油，融化
2 小匙食鹽
2 公升（68 液盎司／8 杯）棉籽油或葵花油，油炸用

製作餡料時，將馬鈴薯、鹽、煙燻鰻魚的骨和皮（如果有的話）放入大單柄鍋，注入清水煮沸。烹煮到馬鈴薯完全變軟，取出瀝乾後丟掉魚皮魚骨。馬鈴薯過篩壓成泥，放涼到仍溫熱的程度。

將壓碎的鰻魚肉與酸奶油加入馬鈴薯中，再加入少許鹽、黑胡椒與檸檬汁調味，混合均勻。將混合物裝到有細尖嘴的擠花袋裡，冷藏備用。

製作甜菜泥時，將烤箱預熱至攝氏180度（華氏350度）。

將甜菜放入一張正方形鋁箔紙的中央，略以鹽、橄欖油和百里香調味，烘烤40分鐘，或烤到完全變軟。趁熱去皮並切成四半，然後放入食物調理機或果汁機內打成泥。過篩備用。

將糖放入小鍋中煮融，約8分鐘，或煮到顏色開始變深。加醋，再次將糖煮到融化。加入甜菜泥，以中火烹煮10分鐘使其變稠。完全冷卻後移入裝有細尖嘴的擠花袋中備用。

製作多拿滋時，將15公克（½ 盎司）新鮮酵母、清水與150公克（5½ 盎司／1 杯）高筋麵粉放入碗中充分混合。在室溫下靜置2小時。

在抬頭式攪拌機的攪拌碗中放入牛奶與剩餘的酵母，混合後靜置1分鐘。加入除了油炸用油以外的材料，以及先前製作的酵母麵團，以麵團勾攪拌5至7分鐘，至麵團充分混合且表面光滑。蓋起來，放入冰箱發酵一晚，直到體積膨脹一倍。

第二天，在烤盤上撒上少許麵粉。將麵團倒在略撒麵粉的工作檯面上，桿成1.5公分（½ 英吋）厚度。用直徑4公分（1½ 英吋）的圓形餅乾模切出圓形麵團，再移到撒了麵粉的烤盤上。冷藏1小時。

將油炸用油放入大厚底單柄鍋加熱至油溫達攝氏180度（華氏350度）。將多拿滋放在漏勺上放入油鍋中，一次可炸數個，每面各炸1至1.5分鐘，直到表面成金棕色、中心鬆軟。取出後放在紙巾上瀝乾。

在每個多拿滋的頂部都開一個小洞，將餡料填到小洞下方，然後在小洞填上一點甜菜泥。趁溫熱享用。

替代魚種

煙燻鯤魚
煙燻鯡魚
煙燻沙丁魚

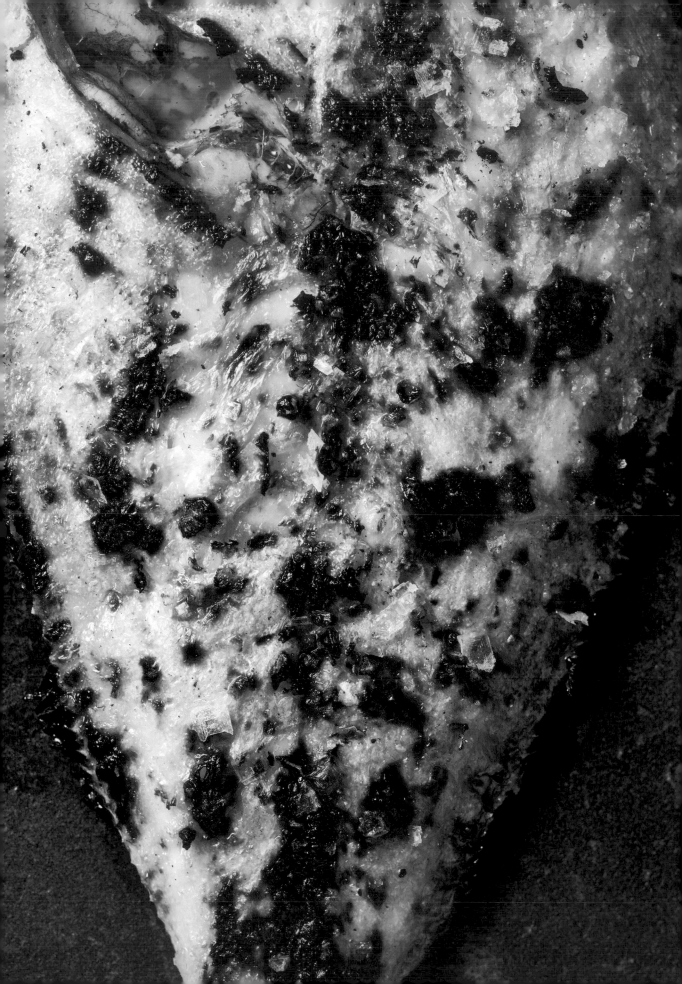

燒烤

適合燒烤的魚種包括

鰹魚
鰈魚
緋魚
鯖魚
烏魚
沙丁魚
紅點沙鮻

炭烤或燒烤可以是快速、高熱的烹調手法，也可以是讓鍋煎酥皮魚變得更酥脆的修飾手法。當魚接觸到烤架高溫時，魚皮會馬上起泡、冒泡並焦糖化。脂肪含量高且肉不會太厚的魚，非常適合用來燒烤。

除了選擇脂肪含量高的魚之外，烤魚的另一個關鍵在於耐心。在燒烤的時候，儘量不要干擾燒烤過程，不要太頻繁地檢查魚是否黏住，因為太早檢查會導致魚皮沾黏與撕裂（雖然這不是世界末日，但從美學與質感上來說，完整的魚皮更令人愉悅）。在燒烤或炭烤時多給自己一點信心，這樣的烹飪手法可以把比較不受歡迎的廉價魚種轉化成無與倫比的美味菜餚，這將帶給你巨大的優勢——如果處理得當，烹飪時仔細些，以緋魚、烏魚、鰈魚、鯖魚、沙丁魚與紅點沙鮻等烹煮出來的燒烤菜餚，也能與紅條石斑、條紋鯻鱥與白鯛魚等相提並論。

左頁、次頁與第182頁：兔菱鰈

燒烤蝴蝶切魚排基礎須知

烤魚時，關鍵點在於選擇含有大量天然脂肪的魚種 —— 脂肪可以作為潤滑劑，最大限度地減少魚皮沾黏在烤架上的風險，也有助於保持魚肉濕潤。特級初榨橄欖油或葡萄籽油都是很好用的燒烤用油，在燒烤前應該在魚皮表面刷上薄薄一層，再以少許海鹽片調味。烤架上的魚皮表面如果塗太多油，會讓火焰突然變旺，還可能讓魚染上燃料的味道。

若在燒烤時使用小炭球或已經燒成炭的木頭，則應確保炭已經燒成餘燼，並且沒有明火冒出。將餘燼均勻鋪在烤架底部，避免出現熱點，以免造成魚皮烤焦或烤得不均勻。此外，也應確保烤架溫度夠高，在烹煮前至少應在炙熱餘燼上放置20分鐘。

1.

將魚排放上烤架，魚皮面朝下，並將魚肉壓板放在魚肉最厚的地方。（若使用質地較軟的魚，如沙丁魚或花腹鯖，則可用一只小托盤或平底鍋代替壓板。）

2.

當魚皮烤成理想顏色時，移開壓板，並用手臂檢查魚肉溫度，確保魚肉溫熱，而且已經從生色轉為半透明。（如果魚肉太冷，沒有足夠熱能通過魚肉加熱頂部，就應該用更少的熱炭或降低木炭用量。）

3.

魚肉七分半熟時，用寬刮刀小心將魚肉從烤架上拿下來，放在溫熱的餐盤裡。替魚皮刷上少許橄欖油，並以海鹽調味。將魚肉放在溫熱餐盤上，讓它能達到最適口的食用溫度。請注意不要把魚肉面朝下，這樣不利於魚肉的口感。

左圖：福氏厚唇鯔（熟成四日）

燒烤整隻扁魚基礎須知

上述同樣的技巧適用於烤扁魚。唯一的差別是，在高溫烤架上烤帶骨魚時，需要更小心。

鰈魚、龍利魚與大菱鮃鰈魚都是適合作燒烤的魚種，牠們在燒烤前不需要太多處理，而且皮內有大量膠質與健康的脂肪含量，這些都有助於魚肉保持濕潤。

1.

燒烤時需要高溫才能讓魚皮上色，並將沾黏的風險降到最低，但是溫度也不能過高，否則魚皮會燒焦，靠近骨頭的魚肉也不會熟。炭的位置很重要。烤架中央下方應放著少許餘燼，其餘則堆在烤架邊緣。如此，魚就會均勻烹煮上色。

2.

一旦魚的兩面都烤出漂亮的顏色，便可檢查靠近頭部的骨頭的內部溫度。此處溫度應該要達到攝氏60度（華氏140度）。

3.

刷上特級初榨橄欖油，並以海鹽調味。

烤鬚鯛、玉米佐海帶奶油

鬚鯛在炭火烤架上烹煮所散發的醉人香氣，足以讓任何人對這種魚產生興趣。我總把鬚鯛稱為窮人的龍蝦，因為牠有獨特的貝類風味。不過這道菜本身賦有豐富的味道，鮮味十足，充滿了玉米與魚皮的甜味。

4人份

2公升（68液盎司／8杯）水
100公克（3½盎司／⅓杯）細鹽
4根玉米
90毫升（3液盎司／⅓杯）特級初榨橄欖油
海鹽片與現磨黑胡椒
200公克（7盎司）奶油，軟化
2大匙乾海帶粉（或使用海苔或裙帶菜）
100毫升（3½液盎司）褐色魚高湯（見第67頁）
檸檬汁，用量依個人喜好
4條去骨蝴蝶切的鬚鯛，每條重約200公克（7盎司），帶皮帶頭尾

準備炭烤架時，確保烤架溫度夠高，而且炭已經燒成餘燼並鋪平，熱度才能均勻。

在大鍋中注入清水並加鹽，大火燒滾。放入玉米，蓋上鍋蓋烹煮4分鐘，或煮到玉米變軟。待完全冷卻後，剝去玉米殼，替玉米粒刷上30毫升（1液盎司）的橄欖油，並以海鹽調味。

確保烤架的火力均勻，也清楚烤架的熱點在哪裡。將玉米放到烤架上烤4分鐘，或烤到整根都稍微焦黑。從烤架上取下來，將玉米粒從玉米軸上撥下來備用。

將奶油放到裝設打蛋器附件的抬頭式攪拌機中，攪拌至顏色發白、體積增加一倍。加入海帶粉，混合均勻。

將高湯與玉米粒放入單柄鍋內加熱，熬煮到高湯收成一半。將海帶奶油切成小丁，一塊一塊加入高湯中，在小火上搖晃單柄鍋，直到奶油乳化。醬汁應該濃稠且帶有光澤。以檸檬汁、黑胡椒與少許鹽調味。保溫備用。

將剩餘的橄欖油刷在魚身上，並撒上食鹽替魚皮調味。將魚放到烤架上，魚皮面朝下，並把魚肉壓板放在最靠近魚頭的肉上，烤2分鐘。將壓板移到魚身中央，繼續烤1分鐘。

待魚肉七分熟以後，從烤架上取下。將玉米粒和海帶奶油醬分裝到餐盤裡，然後把烤魚放在上面，便可端上桌。

替代魚種

緋魚
烏魚
沙鮻

燒烤釉汁鱈魚肋排

這道菜最好用大型魚種來烹飪，例如橫帶石斑魚、美洲石斑、長體石斑或日本銀鮋，因為與小型魚相較之下，這些大魚有明顯的肋骨。這道菜最好是一烤好馬上趁熱吃，只要淋點萊姆汁即可，餐具自選。

4人份

4 塊橫帶石斑魚肋排，每塊約
　　100 公克（3½ 盎司）
2 大匙特級初榨橄欖油
海鹽片

烤肉醬

500 公克（1 磅 2 盎司）番茄，
　　放在炭火上烤到起泡
100 毫升（3½ 液盎司）麥芽醋
150 公克（5½ 盎司／¾ 杯）深
　　色黑砂糖
½ 小匙八角茴香粉
½ 小匙茴香籽粉
½ 小匙芫荽籽粉
½ 小匙黑胡椒粉
½ 小匙煙燻紅椒粉
2½ 大匙伍斯特醬
1 大匙維吉麥（Vegemite）酵母
　　食物醬

製作醬料時，將所有材料放入果汁機或食物調理機打成泥狀，再倒入大單柄鍋內以中火烹煮40分鐘，至質地濃稠且香氣四溢。將醬汁倒回果汁機內，打到完全滑順。靜置冷卻。

冷卻後，將醬汁覆蓋在魚肋排上，冷藏一晚。

第二天，準備炭烤架。確保烤架溫度夠高，而且炭已經燒成餘燼並鋪平，熱度才能均勻。

將肋排從醃漬醬中取出，刮去多餘醬料，再刷上少許橄欖油，以海鹽調味。

確保烤架火力均勻，並知道熱點的位置。將肋排放到烤架上，以高溫烹煮至兩面都充分焦糖化。

馬上端上桌，並在桌上準備好洗指碗與溫熱毛巾。

替代魚種

石斑
無鬚鱈
長體石斑

大眼澳鱸佐夏威夷豆醬與檸檬優格

夏威夷豆是澳洲人最喜歡的堅果，它豐富的滋味加上檸檬優格的酸度與花香，與這種經常未受充分運用魚種的美妙滋味非常相合。大眼澳鱸（俗稱澳洲鯡魚）的滋味清新且海味十足，富含油脂，是一種非常適合燒烤的魚。

4人份

4 枝花椰菜苗
2 大匙特級初榨橄欖油
海鹽片
4 條蝴蝶切的大眼澳鱸（澳洲鯡魚）
檸檬汁，用量依個人喜好

檸檬優格

1 顆檸檬，最好是梅爾（Meyer）檸檬
250 公克（9 盎司／1 杯）原味優格，若有必要可增加用量
海鹽片

夏威夷豆醬

250 公克（9 盎司／1½ 杯）夏威夷豆

準備一個小型炭烤爐、瓦斯燒烤架或炭烤盤來烤魚。（建議用小型碳烤爐，效果最好。）

製作檸檬優格時，取一把小刀，替檸檬刺上許多小洞，然後放入單柄鍋內，注入淹過的冷水。蓋上鍋蓋，加熱至沸騰後煮5分鐘。取出檸檬瀝乾，再重複這個烹煮過程兩次。這樣做的結果是，檸檬會變得非常軟，而且幾乎能完全去除白髓的苦澀味。將檸檬切成兩半，去籽，然後放入果汁機打到非常滑順。移入碗中，蓋上烘焙紙以避免表面形成薄膜，放入冰箱冷藏。

待果泥完全冷卻，拌入優格與一大撮鹽。若味道還是太濃，可以加入更多優格。靜置備用。

製作堅果醬時，將烤箱預熱至攝氏160度（華氏325度）。將夏威夷豆放入烤盤，進烤箱烘烤15分鐘，或烤到變成淺褐色。趁熱將夏威夷豆放入美善品多功能料理機，溫度設定為攝氏70度（華氏158度）攪打10分鐘至完全滑順，約為花生醬的質地。另一個作法，是放入果汁機加入少許溫水攪打。

準備炭烤架，確保溫度夠高，而且炭已經燒成餘燼。

替花椰菜苗刷上少許橄欖油，以海鹽調味。用中高火烤2分鐘，或烤到變軟。將菜莖切成小圓片，保留花苞完整。將處理好的菜放入溫熱的碗中。

替鯡魚皮刷上少許油，撒點鹽，然後放到烤架上，魚皮朝下，以大火烤2分鐘，小心不要將魚皮燒焦。當魚肉七成熟以後，將魚肉從烤架上取下，並將魚對折。

盛盤時，將1大匙堅果醬放在餐盤中央，再舀上1小匙檸檬優格放在裡面。替花椰菜苗刷上更多油，以檸檬汁調味。把一堆切好的菜莖和小花苞放在醬汁上，然後把魚放在旁邊。

替代魚種

鯖魚
黃尾獅魚
沙丁魚

綠背菱鰈佐酸葡萄汁與酸模葉

有幸與維多利亞省科納灣（Corner Inlet）的漁民布魯斯·柯里斯（Bruce Collis）合作。他的魚的品質真的無人能及，尤其綠背菱鰈真的很出色。這道菜能展現出這種魚的優雅滋味與紮實質地。若綠背菱鰈不好取得，兔菱鰈、龍利魚與大菱鮃鰈魚都是很好的替代魚種。

4人份

2 條 500 公克（1磅2盎司）的
　綠背菱鰈，去鱗去內臟
120 毫升（4液盎司）特級初榨
　橄欖油
海鹽片
120 毫升（4液盎司）酸葡萄汁
130 公克（4½ 盎司／1杯）大
　葉酸模，切片

準備炭烤架，確保烤架溫度夠高，而且炭已經燒成餘燼。

替綠背菱鰈的魚皮刷上少許橄欖油，並以海鹽調味。將魚直接放在烤架上，白面（底部）朝下烤4分鐘，然後翻面繼續烤4分鐘，或是烤到以探針式溫度計測量內部骨頭溫度達到攝氏60度（華氏150度）。

將剩餘橄欖油與酸葡萄汁放在平烤盤上，放在炙熱烤架旁加熱。將烤好的魚放在溫熱的烤盤上，離火靜置5分鐘。

將綠背菱鰈放在平盤上，白面朝上。將烤盤放回炙熱的烤架上，用打蛋器將魚的肉汁、酸葡萄汁與橄欖油攪打均勻，然後淋在魚上。最後放上一大把酸模葉。

替代魚種
兔菱鰈
龍利魚
大菱鮃鰈魚

烤劍旗魚排佐番茄白桃沙拉

劍旗魚給了我把肉品世界與魚類結合在一起的靈感。同時，也是展現我們在聖彼得餐廳的烹飪態度的一個好例子。在我們屠宰劍旗魚的時候，會把上側腰肉的四分之一留在骨頭上，取下其餘三塊腰肉。在骨頭上留下四分之一的作法，就可以獲得獨特的部位，基本上就成了劍旗魚的肋排。我們將魚腹肉拿去醃製煙燻，然後切成丁，再用以烤劍旗魚骨與脊柱內骨髓做成的波爾多醬汁拌炒。同時，肋排有時會被切成圖中這樣，搭配我最喜歡的沙拉。

4人份

1塊重1.5公斤（3磅5盎司）帶骨劍旗魚排（理想上應熟成20日）
2大匙特級初榨橄欖油
海鹽片與現磨黑胡椒

牛番茄與白桃沙拉

175毫升（6液盎司）特級初榨橄欖油
50毫升（1¾液盎司）夏多內白酒醋或白酒醋加一撮糖
½條香草豆莢，把籽刮下來
3個大牛番茄，切片
海鹽片與現磨黑胡椒
3個白桃，切成與番茄片同大小

準備炭烤架，確保烤架溫度夠高，而且炭已經燒成餘燼。

製作沙拉時，將橄欖油、醋與香草籽放入一只碗中。以鹽和黑胡椒替番茄調味，和白桃一起擺在盤子裡。用打蛋器將醬汁打勻，然後淋在番茄與白桃上。靜置備用。

將烤箱預熱至攝氏100度（華氏212度），如果可以，可將溫度訂得更低。

烤魚排時，先將魚排放在置於托盤內的金屬網架上。在魚排表面刷上少許橄欖油，以海鹽調味。放入烤箱慢慢加熱，至內部溫度用探針式溫度計測量達到攝氏35度（華氏95度）。魚肉看起來應該還是很生。

將魚排放到烤架上，以高溫燒烤，每面各2分鐘，包括魚皮面與魚骨面，注意不要讓魚皮燒焦。檢查內部溫度，烤好時應達到攝氏55度（華氏131度）。靜置5分鐘。

接下來，在魚排上多刷一點橄欖油，以鹽和黑胡椒調味，然後將魚肉沿著骨頭切下，留下L型的魚骨。以鹽和黑胡椒替魚骨調味，再放到餐盤中央。

將魚排切成薄片，然後將魚排放回魚骨旁邊組裝回原貌，搭配番茄白桃沙拉上桌。

替代魚種

月魚
鮪魚
野生黃尾獅魚

烤花腹鯖佐焦香番茄及吐司

烤焦的番茄從沒這麼好吃過！這款調味料適合滋味較濃郁的魚種，如鯖魚、鮪魚或鯡魚，但一定要確保只能在烤架上將鯖魚烤到半熟，讓番茄與吐司的熱度完成另一半加熱的工作。

4人份

1 條 300 公克（10½ 盎司）的花腹鯖
60 毫升（2 液盎司／¼ 杯）特級初榨橄欖油
海鹽片與現磨黑胡椒
2 片優質酸種麵包

番茄調味醬

300 公克（10½ 盎司）櫻桃番茄，切半
75 公克（2¾ 盎司／⅓ 杯）酸豆
125 公克（4½ 盎司）法國紅蔥頭，切成薄圓環
2 小匙（細）砂糖
100 毫升（3½ 液盎司）夏多內白酒醋或白酒醋加一撮糖
50 毫升（1¾ 液盎司）發酵魚醬（見第 73 頁）
200 毫升（7 液盎司）特級冷壓橄欖油

製作調味醬時，將切面朝下的番茄放入鑄鐵鍋中，以大火乾煎6分鐘，或煎到軟化即可，必要時可分批處理。待所有番茄都煎好後，加入剩餘材料，在上菜前靜置30分鐘。保溫備用。

將鯖魚放在砧板中央，魚尾朝向你，腹腔露出並打開。取一把鋒利的刀，從中央脊柱的一側切下去，然後像去掉魚的上側一樣取下魚排，但是當刀子切到魚排已經分開但仍然附著在頭部的位置時，將魚轉一個方向，讓魚頭朝向你，再用刀子的前三分之一將頭部切成兩半。如此，可以得到仍帶有魚尾與完整頭部的魚排。去掉細刺。在另一側重複上述步驟，但這次將魚平放在工作檯上，從上側把魚排切開，確保頭尾仍與魚排相連。（如果這太有挑戰性，則以平常的方式取下魚排即可，或是可以請魚店代為處理。）

準備炭烤架，確保烤架溫度夠高，而且炭已經燒成餘燼。

替鯖魚皮刷上少許橄欖油，以海鹽調味。將魚皮側放到烤架上2至3分鐘，烤到上色且魚肉觸感溫熱，便可取下魚排，再替魚皮多刷一點橄欖油，然後再加一點鹽和少許黑胡椒粉調味。

替麵包刷上橄欖油，每面烤1分鐘，烤至上色並沾染上煙燻味。將麵包放在餐盤上，舀上番茄調味醬，再放上鯖魚。整塊端上桌，或是切塊與朋友分享。

替代魚種

烏魚
鯡魚
沙丁魚

烤沙鮻、豌豆、煙燻劍旗魚與萵苣

沙鮻的肉有一股天然的甜味，與甜美多汁的春季嫩豌豆和清脆的萵苣非常相合。煙燻劍旗魚則為這道菜帶來鹹香的調味，酸葡萄汁與龍蒿的運用則讓牠更加鮮明突出。這是一道完美的春季菜餚。

4人份

2 公升（68 液盎司／ 8 杯）水
100 公克（3½ 盎司／ ⅓ 杯）細鹽
400 公克（14 盎司／ 2½ 杯）新鮮豌豆
60 公克（2 盎司）酥油
200 公克（7 盎司）煙燻劍旗魚（見第 60 頁），切成 2 公分（¾ 英吋）火柴棒狀
120 毫升（4 液盎司）酸葡萄汁
300 毫升（10 液盎司）褐色魚高湯（見第 67 頁）
4 個嫩蘿蔓萵苣，切兩半後洗淨
1 大匙龍蒿葉
80 公克（2¾ 盎司）奶油
海鹽片與現磨黑胡椒
4 塊重 200 公克（7 盎司）倒蝴蝶切的沙鮻
3 大匙特級初榨橄欖油

準備炭烤架，確保烤架溫度夠高，而且炭已經燒成餘燼。

處理豌豆時，先準備好一碗冰水。在大湯鍋裡放入清水和食鹽，大火燒開。放入豌豆，蓋上鍋蓋煮 3 分鐘或煮到變軟。瀝乾後放入冰水中。

在平底鍋中加熱酥油，放入煙燻劍旗魚煎 5 分鐘，或煎至深金色。倒入酸葡萄汁翻拌，刮下鍋底焦渣。烹煮 3 分鐘，將液體收成糖漿狀。

倒入高湯，再放入萵苣並蓋上烘焙紙。小火烹煮 2 分鐘，直到菜葉變軟即可。加入豌豆、龍蒿與奶油，再按個人喜好調味。之後保溫備用。

替魚刷上橄欖油並以食鹽調味。將魚肉均勻地放在烤架上，放上魚肉壓板烤 2 分鐘，或烤到魚皮起泡上色、魚肉變溫，便可從烤架上取下。

將豌豆、煙燻劍旗魚與萵苣舀到溫熱的餐碗或餐盤上，最後再把半熟的魚肉放上去，完成料理。

替代魚種
鰈魚
鯖魚

烤鬼頭刀排、香辣蠶豆葉、胡蘿蔔與蜂蜜酒

我在這則食譜裡用了鬼頭刀，因為牠讓我想起法式小羊排（羊架）。濃郁的香料與胡蘿蔔和蜂蜜酒的甜味，賦予小羊排一種與眾不同的鹹香滋味。而以這種手法烹調帶骨魚排時，魚肉的味道與口感也會和一般魚排有很大的不同。

2人份

2 塊 300 公克（10 盎司）的鬼頭
　　刀帶骨魚排
1 大匙特級初榨橄欖油
海鹽片
100 毫升（3½ 液盎司）褐色魚
　　高湯（理想上用鬼頭刀來烹
　　調，見第 67 頁）

胡蘿蔔奶油

1 公斤（2 磅 3 盎司）胡蘿蔔，
　　切大塊
150 毫升（5 液盎司）蜂蜜酒，
　　另準備調味用的量
200 公克（7 盎司）奶油，軟化
　　備用

香辣蠶豆葉

300 公克（10 盎司）蠶豆葉
1 大匙乾辣椒碎
1 大匙甜紅椒粉
1 小匙新鮮薑末
½ 小匙番紅花絲
4 個法國紅蔥頭，切末
2 片新鮮月桂葉，切細長條
1 大匙小茴香粉
2 個蒜瓣，磨成末
2 大匙義大利扁葉香芹末
2 大匙芫荽末
½ 顆醃檸檬，切薄片
125 毫升（4½ 液盎司／ ½ 杯）
　　橄欖油，另準備刷油的量
½ 個檸檬汁

製作胡蘿蔔奶油時，先準備一碗冰水。將胡蘿蔔與蜂蜜酒放入食物調理機打成泥，再過細目篩至大單柄鍋內，以中火烹煮至質地呈糖漿狀，此步成品約 100 毫升（3½ 液盎司）。接著將糖漿移入碗中，放到冰水裡降溫。

將軟化奶油放入抬頭式攪拌機打 10 分鐘，或打到顏色泛白且體積幾乎增加一倍。加入胡蘿蔔糖漿，繼續攪拌 1 分鐘。移至碗中冷藏至需要時使用。

準備香辣蠶豆葉時，將除了蠶豆葉以外的所有材料放入碗中做成調味料。室溫靜置至需要時使用。

準備炭烤架，確保烤架溫度夠高，而且炭已經燒成餘燼。

替魚皮刷上橄欖油，並以海鹽調味。將烤架下的炭火分成高低溫兩區。魚皮面朝下，將魚放上高溫區烤 4 分鐘，將魚皮烤成漂亮的顏色，然後翻到帶骨面朝下，移至低溫區繼續烤 6 分鐘。理想的內部溫度是以探針式溫度計測量達攝氏 50 度（華氏 122 度）。烤好後取下靜置。

取一只平底鍋，倒入魚高湯熬煮 5 分鐘，或至質地收成糖漿狀。加入小塊的胡蘿蔔奶油，搖晃鍋身讓奶油乳化到高湯裡。以蜂蜜酒與少許檸檬汁調味。保溫備用。

替蠶豆葉刷上少許橄欖油，然後放到篩子裡。握住篩柄，將菜葉放到烤架上烤 1 分鐘，將菜葉烤軟，然後移至碗中，以幾大匙調味料調味（剩餘調味料可以放入冰箱保存數日，早餐時淋在水波蛋上也非常好吃）。將魚肉、蔬菜與溫熱的胡蘿蔔蜂蜜酒醬一起盛盤上桌。

替代魚種

鰈魚
劍旗魚
野生黃尾獅魚

黃鰭鮪起司堡佐鹽醋洋蔥圈

外觀與味道都狀似牛肉漢堡的魚肉漢堡。我們第一次烹調品嚐的時候，我簡直不敢相信自己吃的是什麼。無論是何時，我都願意捨棄一般漢堡，選擇它。

4人份

4 片切達起司
4 個白漢堡麵包，對切
60 毫升（2 液盎司／¼ 杯）烤肉醬（見第 187 頁）
12 片乳酸發酵醃黃瓜（見第 101頁）
4 片煙燻劍旗魚（見第 60 頁），炸到酥脆（非必要）
4 片修整過的結球萵苣葉
海鹽片

魚漢堡肉

40 公克（1½ 盎司）酥油
200 公克（7 盎司）法國紅蔥頭，切末
100 公克（3½ 盎司）黃鰭鮪碎肉
1 大匙鹽
200 公克（7 盎司）黃鰭鮪腰肉
200 公克（7 盎司）黃鰭鮪紅肉
1 小匙黑胡椒粉
½ 小匙茴香籽粉
50 公克（1¾ 盎司）墨瑞鱈、海鱺或無鬚鱈的脂肪丁
2 大匙特級初榨橄欖油

鹽醋洋蔥圈

2 大匙（細）砂糖
500 毫升（17 液盎司／2 杯）麥芽醋
80 公克（2¾ 盎司／¼ 杯）鹽
4 個洋蔥，切成 1 公分（½ 英吋）厚片，移除中央較小的洋蔥圈
2 公升（68 液盎司／8 杯）棉籽油或葵花油，油炸用
50 公克（1¾ 盎司／¼ 杯）米粉
½ 份炸魚薯條麵糊（見第 139 頁）

準備漢堡肉時，將酥油放入單柄鍋內以小火加熱，加入紅蔥頭，蓋上鍋蓋，讓紅蔥頭慢慢出水約 10 分鐘，小心不要上色。將黃鰭鮪碎肉和鹽放入食物調理機攪打成粉紅色的肉泥。

將鮪魚腰肉切成類似牛絞肉的大小。以同樣的方式處理鮪魚紅肉，然後加入前者混合。加入黑胡椒與茴香，然後再加入墨瑞鱈脂肪丁。冷藏至少 30 分鐘。

準備炭烤架，確保烤架溫度夠高，而且炭已經燒成餘燼。

將鮪魚肉混合物做成 4 塊肉餅，每塊重量 120 公克（4 盎司），輕輕按壓，使肉餅厚度不超過 2 公分（¾ 英吋）。烤前刷上油並在室溫下靜置。

將肉餅放上烤架烤 4 分鐘，讓兩面都焦糖化。在第二面還剩下 1分鐘時，把起司片放在肉餅上慢慢融化，待時間到便可將肉餅取下，靜置備用。

製作洋蔥圈時，將糖、醋與鹽放入鍋中煮沸。將洋蔥分成一個個的環，每次一把，放入醃漬液中煮 1 至 2 分鐘，至剛好軟化，便可用漏勺取出。重複這個步驟，將所有洋蔥圈都煮過。

取一只厚底大單柄鍋，倒入油加熱至烹飪溫度計顯示油溫為攝氏180 度（華式 350 度）。替洋蔥圈撒粉，再沾上麵糊。將洋蔥一個個放入熱油中，炸成淺金黃色。取出後在紙巾上瀝乾，以鹽調味。

將麵包放到烤架上稍微烤過。組裝時，在麵包底中央放 1 大匙烤肉醬，然後放上肉餅，再依序放上醃黃瓜、煙燻劍旗魚（如果使用的話）、萵苣葉、少許烤肉醬、以及麵包蓋。最後，稍微壓緊，搭配洋蔥圈上菜。

（參考前頁照片）

月魚排佐炸薯條

這個用魚肉來烹調的肉排薯條，有著同於原版分量的味道與口感。即使是最挑剔的味蕾也能在吃完這塊滋味豐富的魚排後感到滿足。若考慮到配菜方面，則有著無窮無盡的可能性。

10 人份

1 塊重 2 公斤（4 磅 6 盎司）的
　月魚或鮪魚（以熟成八日為理
　想）圓肌，暗色肉，帶皮
60 毫升（2 液盎司／¼ 杯）特
　級初榨橄欖油
海鹽片與現磨黑胡椒

法式伯那西醬（Bearnaise sauce）

6 個法國紅蔥頭，切片
4 支龍蒿，加上 2 大匙切碎的龍
　蒿
12 粒黑胡椒
250 毫升（8½ 液盎司／1 杯）
　白酒
250 毫升（8½ 液盎司／1 杯）
　龍蒿醋
7 個蛋黃
500 公克（1 磅 2 盎司）無鹽奶油，
　切成小丁，室溫
海鹽片與現磨黑胡椒

盛盤配菜

120 公克（4 盎司／4 杯）摘好
　的水芹菜
80 公克（2¾ 盎司／2 杯）摘好
　的綠捲鬚生菜
10 個櫻桃蘿蔔，切成楔形薄片
½ 份酸葡萄汁醬（見第 90 頁）
1 公斤（2 磅 3 盎司）炸薯條（見
　第 139 頁）

替代魚種

旗魚
鮪魚
劍旗魚

製作法式伯那西醬，將紅蔥頭、龍蒿枝、黑胡椒粒、酒與醋放入單柄鍋，以中大火加熱 8 至 10 分鐘，讓液體收成 150 毫升（5 液盎司）。

將蛋黃放入一只能夠卡在單柄鍋上的大耐熱碗裡。過濾龍蒿濃縮液，倒在蛋黃上，以打蛋器攪打均勻。將碗放到水微滾的單柄鍋上，開始攪打。待混合物變稠、體積變成三倍時，加入奶油，每次 3 至 4 塊，繼續打勻。待所有奶油都加入，便將碗從熱源移開，加入切碎的龍蒿並調整調味。蓋上烘焙紙，避免表面形成薄膜。保溫備用。

烤箱預熱至最低溫度。替月魚刷上橄欖油，以鹽調味。將月魚放在烤盤內的金屬架上，放入烤箱烤 1 小時，直到以探針式溫度計測量內部溫度達攝氏 45 度（華氏 113 度）。靜置至少 10 分鐘，然後再次刷上橄欖油。

在爐子上加熱一只大鑄鐵鍋。將魚皮煎至焦糖化。魚肉背部稍微在平底鍋上煎一下，便可取出，並以類似切牛後腿肉的方式切成長條。調味後搭配法式伯那西醬、用酸葡萄汁醬調味的水芹菜綠捲鬚櫻桃蘿蔔沙拉與熱騰騰的薯條一起上菜。

（參考第 205 頁照片）

烤魚香腸、根芹菜、豌豆與洋蔥醬

這種味道組合並沒有什麼花俏之處 —— 基本上就是再現了我們都很熟悉且喜歡的香腸、薯泥與洋蔥肉汁組合，只是用魚肉香腸替代典型的豬肉香腸而已。我非常喜歡這道菜，希望你也會喜歡。

4人份

魚肉香腸

40公克（1½盎司）酥油
3個洋蔥，切末
250公克（9盎司）海鱒腹肉
250公克（9盎司）去骨去皮的白肉魚（例如舒鱈、無鬚鱈、鱈魚、石斑或真鯛），切成5公釐（¼英吋）小丁
1½小匙細鹽
1小匙黑胡椒粉
1小匙茴香籽粉
2大匙香芹末
2大匙蝦夷蔥末
天然羊腸衣，浸泡45分鐘

根芹菜泥

375公克（13盎司）根芹菜，去皮並切成2公分（¾英吋）大丁
200毫升（7液盎司）牛奶
100毫升（3½液盎司）重乳脂鮮奶油
40公克（1½盎司）奶油
海鹽片

洋蔥醬

50公克（1¾盎司）奶油
4個大洋蔥，切薄片
2個蒜瓣，切片
1片新鮮月桂葉
50毫升（1¾液盎司）雪莉酒醋
750毫升（25½液盎司／3杯）褐色魚高湯（見第67頁）
海鹽片與現磨黑胡椒

調味豌豆

200公克（7盎司／1¼杯）豌豆，去殼
海鹽片與現磨黑胡椒
60毫升（2液盎司／¼杯）特級初榨橄欖油

酥油放入小單柄鍋，以中火加熱，放入洋蔥慢炒出水6至7分鐘，然後靜置至完全冷卻。

將鱒魚腹肉切成大塊，冷藏至少2小時，至完全冷卻。

將鱒魚腹肉分批放入食物調理機內打至滑順。若混合物看起來太油膩，可以加入少許冰水幫助乳化。接著，將打好的魚肉泥移至一只碗中，加入白肉魚肉丁與包括洋蔥與香草在內的所有調味料。

取一台灌腸機，裝設口徑寬到能讓魚肉丁通過的出料配件，將魚肉香腸混合物放進去。迫使混合物穿過灌腸機，填入預先浸泡過的腸衣裡，每條12至15公分（4¾至6英吋），邊灌邊綁。做好一批以後，掛在鉤子上或攤在金屬架上晾乾，最好過夜。

第二天，製作根芹菜泥。將根芹菜、牛奶、鮮奶油、奶油與少許鹽放入厚底大單柄鍋內。中火加熱至微滾，再把火力調小，熬煮20至25分鐘，不要蓋鍋蓋，偶爾攪拌，將根芹菜煮到變非常軟。瀝乾大部分液體後備用。將根芹菜移至果汁機或食物調理機內，攪打至完全滑順。或許需要加入一些保留的烹煮液。調味後靜置，保溫備用。

製作洋蔥醬時，將奶油放入厚底單柄鍋內以小火加熱至融化，放入洋蔥、大蒜與月桂葉慢慢翻炒，蓋上鍋蓋悶煮25分鐘，或煮到洋蔥變得非常軟。打開鍋蓋，繼續烹煮15分鐘，讓洋蔥焦糖化。倒入醋，翻拌並將鍋底焦渣刮起來，繼續烹煮3分鐘，或煮到質地呈糖漿狀。加入高湯，用中火煮20分鐘，至湯汁收成一半。調味後保溫備用。

準備炭烤架時，確保烤架溫度夠高，而且炭已經燒成餘燼並鋪平，熱度才能均勻。

將魚肉香腸放上烤架烤5至6分鐘，注意保持火候適中，直到腸衣定型、香腸肉紮實且沒有上色。將炭集中起來，形成高溫區，繼續烤香腸1分鐘，直到每面都均勻上色。取下香腸，靜置備用。

準備豌豆時，將豌豆放入一大鍋加了一大撮鹽的沸水中燙2至3分鐘，直到豌豆變軟且呈鮮綠色。取出後以少許橄欖油、鹽和黑胡椒調味。

盛盤時，將1大匙根芹菜泥舀到碗中央，然後放入2條魚肉香腸、豌豆、洋蔥醬與少許特級初榨橄欖油。

烘烤

適合烘烤的魚種包括

鱈魚
紅條石斑
牛尾魚
印章魚
墨瑞鱈
海鱒
虹鱒
大菱鮃鰈魚
劍旗魚

烘烤肉類料理時,帶骨的大塊肉被放在火上或高溫烤箱裡烘烤,以破壞結締組織;魚肉料理的烘烤則有所不同,必須小心處理。在應用這種乾熱法烹調時,魚種的選擇至關重要。天然脂肪含量高的魚適合烘烤,例如海鱺、鱒魚、鱈魚或是大菱鮃鰈魚之類的扁魚。

鹽殼與紙包的調理方式,都有助於讓質地較細緻且脂肪含量較低的魚如真鯛、肩葉鯛與海鯛魚等,變得非常美味,而且作法非常簡單。

如果將整條魚連骨烤,魚本身就有一個空腹腔,可以放入許多調味料。香草如羅勒、月桂、迷迭香與百里香等,都適合用來替滋味醇厚、富含脂肪的魚種調味。

烘烤魚並非僅局限於烘烤一整條魚;牛尾魚排、印章魚輪切、鮪魚頭等,都可以在傳統烤爐與柴火烤爐中烤出絕佳風味,這是因為它們脂肪含量高、帶有膠質的緣故。而若欲獲得最佳成果,在烘烤時,務必準備探針式溫度計與海鹽片,後者是因為在烤魚前充分調味是非常重要的步驟。金屬網架也是必須的,它可以把魚抬高,讓魚肉遠離烤盤產生的直接熱源,讓熱度在魚肉周圍均勻傳遞,均勻烹煮。

烤全魚基礎須知

要成功烘烤魚，關鍵點有二。首先，最重要的，是選擇適合這種烹調方式的魚種。其次，火候控制，則是保持魚肉濕潤、魚皮上色且酥脆的關鍵。

1. 烤箱預熱到攝氏100度（華氏212度）。在烤盤內放置一個金屬網架。將整條魚（約400公克[14盎司]）平鋪在工作檯面上，按菜餚風格與魚種，在魚肚內放入香草與香料。用海鹽片替魚肚和魚皮調味。在魚的外側輕輕撒上1小匙奶粉，這個動作讓你稍後可以選擇是否讓魚皮焦糖化。

2. 用魚領作為支撐，讓魚立起來，放入烤箱烘烤35至40分鐘，烤到用探針式溫度計測量達攝氏55度（華氏131度）。將魚取出，靜置8至10分鐘。

3. 此時魚已經可以上桌了。不過，如果想要呈現出金棕色的魚皮，請將烤箱預熱到最高溫並打開炙烤功能，或是將明火烤爐打開，放在金屬網架上燒烤2至3分鐘。另一個作法，則是將500毫升（17液盎司／2杯）芥花油（油菜籽油）放入單柄鍋內，以爐火加熱至油溫達攝氏220度（華氏430度）。將仍然立著的魚從烤盤上移出，小心將熱油淋在烤熟的魚上。這個動作會讓魚皮起泡，並讓奶粉中的糖分焦糖化。最後，上桌前以海鹽片調味。

鹽殼海帶烤印章魚

這種不花俏的烹調風格非常適合在家裡操作，因為你能夠買到一整條帶骨的魚，同時，還可以按人數選擇適當大小。所以，無論是餐盤大小、供兩人享用的印章魚，還是六人分食的一整條墨瑞鱈，這種方法都可以把整條魚用鹽蓋起來，放入烤箱烘烤至熟。

5至6人份

一撮海鹽片
黑胡椒碎
3公斤（6磅10盎司）整尾印章
　魚，去除內臟
1公斤（2磅3盎司）食鹽
200公克（7液盎司）水
1把海帶或玉米殼

烤箱預熱至攝氏220度（華氏430度）。

在魚肚內撒上海鹽與一些黑胡椒。在大烤盤上鋪一層2公分（¾英吋）厚的食鹽。將魚放上去，撒一點水。將海帶放在魚的上面，盡量把上下方魚皮都蓋起來，然後再用剩餘的食鹽蓋起來。在鹽上再撒一點水，這樣有助於形成鹽殼。

烘烤15分鐘，或烤到用探針式溫度計測量內部溫度達攝氏50度（華氏122度）。取出並靜置15分鐘。

從上方把鹽殼弄破（魚皮可能會隨之脫落）。取魚肉時，順著脊柱劃下去，把大塊魚肉取下。在頭尾處折斷脊柱，取出。接著取下第二面的魚肉。

將魚肉分到餐盤上，每份約160公克（5½盎司）。

●

替代魚種

紅條石斑
真鯛
大菱鮃鰈魚

（參考前頁照片）

烤魚骨髓、哈里薩辣醬與鷹嘴豆薄餅

大部分好的魚店或市場都可以買到魚架子。購買時一定要要求沒有被水浸泡過,而且是剛切好的。骨頭上可能有的血跡也必須是鮮紅色的,另外,骨頭上應該有乾淨且光亮透明的肉附著在上面,而且沒有特別的氣味。魚架子的味道會帶點肉味,但相當溫和,可以靠使用的調味料來調整。質地是這個特殊部位如此與眾不同的原因。

4人份

1 副劍旗魚脊柱
海鹽片

哈里薩辣醬（Harissa）

250 毫升（8½ 液盎司／1 杯）
　　特級初榨橄欖油
2 個蒜瓣,去皮
4 個西式紅蔥頭,切末
1 條長紅辣椒,去籽並烤焦
4 個紅甜椒,去籽、烤焦後去皮
2 小匙焙炒過的小茴香籽
½ 小匙焙炒過的芫荽籽
1 大匙澳洲灌木番茄乾粉（非必要）
1 大匙濃縮番茄糊
2 大匙德梅拉拉糖
100 毫升（3½ 液盎司）發酵魚
　　醬（見第 73 頁）
海鹽片

鷹嘴豆薄餅

200 公克（7 盎司／1¾ 杯）鷹
　　嘴豆粉
1 小匙鹽,另準備調味用分量
½ 小匙黑胡椒碎,另準備調味用
　　分量
450 毫升（150 液盎司）水
1 大匙酥油,油煎用

綜合香料

1 小匙小茴香粉
1 小匙焙炒過的芫荽籽粉
½ 小匙黑胡椒粉
1 小匙澳洲灌木番茄粉、鹽膚木
　　粉或煙燻紅椒粉
1 小匙海鹽片

替代魚種

大西洋油鯡
鬼頭刀
鮪魚

製作哈里薩辣醬時,將橄欖油放入鍋中,以中大火加熱,放入大蒜與紅蔥頭拌炒1分鐘。加入烤過的辣椒、紅甜椒、焙炒過的香料與澳洲灌木番茄乾粉(如果使用),烹煮5分鐘至香味飄出。加入番茄糊,用中火烹煮3至4分鐘。加糖,繼續烹煮5分鐘,然後加入發酵魚醬再煮5分鐘。以鹽調味,放入果汁機打至滑順,若有必要可加入少許清水。將菜泥倒入大單柄鍋內,翻炒5至10分鐘,至顏色變深且香味飄出。放入消毒過的密封罐,置於冰箱保存,需要時取出使用。

製作薄餅時,將除了酥油以外的所有材料放入大碗中,以打蛋器攪打至滑順。將麵糊移入密封容器裡,在室溫下置於工作檯面上24小時。

第二天,用打蛋器將麵糊打成濃稠(重乳脂)鮮奶油狀。

將酥油放入平底鍋加熱。將酥油倒出,放在一旁備用。將100毫升(3½ 液盎司)麵糊倒入平底鍋中,迅速以畫圓的方式搖晃平底鍋,讓一層薄薄的麵糊均勻地覆蓋在鍋底與鍋側。在薄餅表面加入一點保留的酥油,並在濕潤面按個人喜好撒上大量黑胡椒與鹽來調味。替薄餅翻面,再煎一下,總共煎3分鐘,薄餅便可起鍋。重複以上步驟,再做3張薄餅。做好後保溫備用。

烤箱預熱至攝氏220度(華氏430度)並打開炙烤功能,或是使用明火烤爐。

將綜合香料的所有材料放入一只碗中混合。

處理骨髓時,用廚師刀將每塊脊椎骨切下來,把骨髓分成很多塊,然後分別抹上綜合香料。讓脊椎骨立在烤盤上,放入烤箱烤6分鐘至上色且骨上的肉都煮熟為止。

撒上更多食鹽,搭配溫熱的哈里薩辣醬與薄餅上桌。

（參考第219頁照片）

甜酸長鰭鮪佐菊苣與榛果

這是我年輕時在雪梨魚臉餐廳擔任廚師時最早推出的一道菜，現在的我，仍然如12年前一樣地以這道菜餚為傲。若有需要，黃鰭鮪、鰹魚或花腹鯖都是很好的替代魚種。

6人份

600 公克（1磅5盎司）修整過的長鰭鮪腰肉心
60 毫升（2液盎司／¼杯）橄欖油
1 株白菊苣，撕成適口大小
海鹽片與現磨黑胡椒
3 大匙焙炒過的榛果

甜酸黑醋栗醬

120 毫升（4液盎司）特級初榨橄欖油
150 公克（5½盎司）法國紅蔥頭，切末
150 毫升（5液盎司）白酒
375 毫升（12½液盎司／1½杯）白酒醋
150 毫升（5液盎司）水
75 公克（2¾盎司／⅓杯）（細）砂糖
125 公克（4½盎司／¾杯）黑醋栗果乾
海鹽片與現磨黑胡椒

烤箱以最低溫預熱。

製作甜酸醬時，將油放入單柄鍋加熱，放入紅蔥頭，使其出水，並以小火拌炒15分鐘至顏色轉金黃。加入酒、醋、水、糖、黑醋栗與少許鹽和黑胡椒，滾4分鐘至紅蔥頭變軟、醬汁濃稠如糖漿。濃縮後的醬汁應有225毫升（7½盎司）。放涼後冷藏至需要時取出使用。

將長鰭鮪腰肉切成大小均勻的魚片，然後不覆蓋放入冰箱冷藏。

在烤盤內放置一個金屬網架，作為烹煮鮪魚的三腳爐架。

將烘焙紙剪成金屬網架大小，然後用小刀在紙上剪出足夠的洞，以便在烹煮過程中過濾液體。將魚放到準備好的金屬網架上，然後放入烤箱。在整個烹煮過程中，烤箱溫度應在攝氏90至100度（華氏194至212度）之間。如果烤箱溫度比這個數值高，可以把一支鑷子或木匙卡在烤箱門上，把烤箱門稍微打開。此時以探針式溫度計測量魚肉內部溫度，應為攝氏40度（華氏104度）。理想而言，魚肉看起來應該是生的，但有稍微煮熟的質地（這裡要小心，因為長鰭鮪在烹飪過程中很快就會脫水變乾）。

與此同時，將橄欖油放入平底鍋以大火加熱，翻炒菊苣葉。以鹽調味，在最後一分鐘，當菜葉上色且稍微萎掉時，加入榛果與4大匙甜酸醬。保溫備用。

將魚肉靜置一下，然後每份切成3片。刷上橄欖油，以海鹽和黑胡椒粉調味，然後淋上甜酸醬菊苣與榛果，便可上桌享用。

替代魚種
鰹魚
鯖魚
鮪魚

魚肉腸卷

我在東美特蘭（East Maitland）上的公立學校有一道令人難忘的英式香腸卷，在我的印象中，它有著恰到好處的調味、脂肪與酥脆口感。我不能百分百確定裡頭有什麼，不過我想要試著用魚肉來複製這道菜餚。我們在餐廳裡用本地灌木番茄製作的番茄醬來搭配，但其實它和任何東西都很合。

8人份

4 片酥皮麵團
中筋麵粉，撒粉用

內餡

375 公克（13 盎司）海鱒腹肉
75 公克（2¾ 盎司）新鮮干貝
500 公克（1 磅 2 盎司）白肉魚，
　　如鯛、牛尾魚或沙鮻
1 個洋蔥，用刨絲器刨成絲
1 大匙鹽
1¾ 小匙白胡椒粉
1¾ 小匙大茴香籽粉
現磨肉豆蔻，用量依個人喜好
15 公克（½ 盎司／½ 杯）義大
　　利扁葉香芹末

刷蛋液

2 個全蛋
1 個蛋黃
1 大匙白芝麻
海鹽片

在開始之前，將能把魚肉打成泥的食物調理機配件都放入冰箱冷藏。準備好一碗冰。食物調理機冷卻後，便將鱒魚、干貝與白肉魚分別放入食物調理機裡，打成滑順的肉泥。將所有肉泥混合均勻，並加入其餘材料調味。將魚肉泥放在冰碗上冰鎮。

將所有刷蛋液的材料放入碗中混合均勻。把酥皮麵團放在稍微撒了麵粉的工作檯面上，然後將魚肉餡舀上去並整成圓柱狀。將蛋液刷在周圍酥皮麵團上，再捲成香腸卷的形狀。將麵皮兩端折起來密封，或是切開露出兩端。替魚肉腸卷刷上蛋液，冷藏30分鐘至定型。

同時，將烤箱預熱到攝氏200度（華氏400度）。替魚肉腸卷刷上更多蛋液，再以海鹽調味，放入烤箱烘烤15分鐘，或烤到酥皮金黃、內餡用烤肉籤檢查時，摸起來是熱的。上菜時搭配1大匙番茄醬。

替代魚種

北極紅點鮭
無鬚鱈
鮭魚

鍋燒圓斑鰭佐魚子、黑蒜與黑胡椒

這道菜的靈感來自我在雪梨魚臉餐廳服務期間。就這道菜來說，印章魚、雨印鯛或墨瑞鱈都可以是代替圓斑鰭的絕佳選擇。但是圓斑鰭也有其特殊之處，讓我非得用牠不可 —— 這種魚的魚皮黏，魚子甜，而且魚肉的滋味可以和黑蒜的濃醇焦糖味相抗衡。

2人份

2 條重 300 公克（10½ 盎司）的
　帶骨圓斑鰭
100 公克（3½ 盎司）奶油，切
　大塊
2 小匙大略壓碎的黑胡椒
8 個黑蒜瓣
2 大匙刮好的牛尾魚魚子
200 毫升（7 液盎司）褐色魚高
　湯（最好用圓斑鰭製備，作法
　見第 67 頁）
檸檬汁，用量依個人喜好
海鹽片
250 公克（9 盎司／5 杯）菠菜葉

處理圓斑鰭時，可以在不把魚肉切下來的狀況下挑刺。只要把腹腔打開，在魚的上半部最靠近頭部的脊柱兩側往下劃開，就可以用鑷子把細刺全部挑出來。

烤箱預熱至攝氏200度（華氏400度）。

取一只大鑄鐵平底鍋，放入奶油與黑胡椒，以中火加熱至開始起泡。放入圓斑鰭，讓魚皮沾滿黑胡椒奶油。不要讓魚皮上色。加入黑蒜與牛尾魚魚子。將魚翻面，讓腹腔面向鍋底。倒入高湯煮沸。蓋上鋁箔紙，放入烤箱烤4分鐘。

將魚翻面，讓魚肚朝上，再放回烤箱中繼續烤4分鐘，然後從烤箱中取出，將魚翻正並靜置餐盤中。

將平底鍋放回爐上，以中火烹煮至汁液收稠，變得濃厚有光澤。若有需要，可加入檸檬汁與少許鹽調味。加入菠菜，讓菠菜煬30秒。上菜時，將菠菜舀在煮熟的魚下方，然後淋上濃稠的黑蒜魚子醬，便可上桌。

替代魚種
印章魚
國公魚
大菱鮃鰈魚

威靈頓魚排

威靈頓牛排 —— 至少在我家 —— 一直被視為一種奢侈品,只有在特殊場合才會烹煮這道菜餚。製作威靈頓魚排的想法,與傳統俄羅斯魚派背後的傳統思維是一致的。這是另一道在餐桌上表現極為出色的魚肉菜餚,不僅能展現高超的技巧與才華,也能表達出濃厚的愛與慷慨。

6人份

1 整塊海鱒魚排,去皮挑刺
4 張海苔
500 公克(1 磅 2 盎司)現成的
　　酥皮麵團
中筋麵粉,撒粉用

蘑菇小扁豆泥

150 公克(5½ 盎司)酥油
1 公斤(2 磅 3 盎司)野蘑菇,
　　切大塊
100 公克(3½ 盎司)奶油,切
　　大塊
1 個洋蔥,切末
6 個蒜瓣,切末
½ 大匙百里香末
海鹽片
125 公克(4½ 盎司／¾ 杯)煮
　　熟的黑小扁豆,瀝乾

刷蛋液

2 個全蛋
1 個蛋黃
1 大匙白芝麻
海鹽片

處理蘑菇時,將 75 公克(2¾ 盎司)酥油放入大鍋以中火加熱,分兩批將蘑菇炒至金黃色,每批約需要 12 至 15 分鐘。將所有蘑菇都放回鍋中,然後轉大火。加入奶油、洋蔥、大蒜與百里香,翻炒 10 分鐘,至蘑菇變軟且幾乎沒有水分為止。按個人喜好用食鹽調味,然後放入食物調理機打成末。將多餘的脂肪或水分瀝乾,再加入小扁豆攪拌均勻。放涼備用。

組合時,將鱒魚排橫切成兩半,再把尾巴那一半拿起來放在另一半上面,讓腰側與腹側疊在一起,組合成密合的一塊魚肉。

在工作檯面鋪上一大塊保鮮膜,然後將海苔片交疊擺上,形成正方形。將蘑菇小扁豆泥舀上去鋪平。把魚肉放上去,從最靠近自己的地方拿起保鮮膜,把海苔片與蘑菇泥蓋到魚肉上,做成圓柱狀。蘑菇泥應該完全包覆魚肉。把保鮮膜兩端綁好,放入冰箱冷藏一整晚。

第二天,將所有刷蛋液的材料放入碗中混合。在工作檯面上撒點麵粉,把剛從冰箱拿出來的酥皮麵團擀開,寬度高度都必須大於鱒魚卷。

將包鱒魚卷的保鮮膜剪開,把魚卷放到麵皮中央。替麵皮邊緣刷上蛋液,然後捲起來把魚卷包好。修整多餘麵皮,再刷上更多蛋液。冷藏至少 1 小時。

烤箱預熱至攝氏 220 度(華氏 430 度)。替威靈頓刷上更多蛋液,再略以海鹽調味。放入烤箱烘烤 20 至 25 分鐘,至表面呈棕色且以探針式溫度計測量內部溫度達攝氏 48 度(華氏 118 度)為止。

靜置 10 分鐘,然後將威靈頓魚排切成 6 等份,搭配生菜沙拉上菜。

替代魚種

紅條石斑
虹鱒
鮭魚

蜜糖釉烤醃海鱺

在我所有創作菜餚中，這是最棒的一道。在聖彼得餐廳開幕的第一年我曾想過，「如果能嘗試一下，用魚來詮釋聖誕蜜糖釉烤火腿，並且做得很好吃，該有多好。」我們做出來的第一個版本符合美學要求，不過選擇的魚種魚皮很厚，處理時有點問題，而味道上雖然做出我想要的煙燻味，卻缺少聖誕蜜糖釉烤火腿那令人垂涎的調味。第二年，我們又試了一次，這次用了許多魚種，烹調成果也更令人滿意。

10至12人份

1 條約 4 公斤（8 磅 13 盎司）的
　海鱺尾或其他替代魚種如劍旗
　魚或紅條石斑的魚尾
24 個丁香
100 公克（3½ 盎司）山胡桃木
　屑或櫻桃木屑

醃料（每1公斤／2磅3盎司魚肉需要120公克／4盎司醃料）

40 公克（1½ 盎司）（細）砂糖
80 公克（2¾ 盎司／¼ 杯）細
　鹽
1 小匙丁香粉
15 公克（½ 盎司）百里香葉
¼ 小匙硝酸鹽
1 大匙焙炒過的黑胡椒碎
1 片新鮮月桂葉，切末

蜜糖綜合香料

100 公克（3½ 盎司）肉桂粉
½ 小匙丁香粉
½ 小匙八角茴香粉
1 小匙多香果粉

蜜糖釉烤肉醬

180 公克（6½ 盎司／½ 杯）蜂
　蜜
360 毫升（12 液盎司）紅酒醋
1 大匙蜜糖綜合香料（參考前文）
1 大匙第戎芥末醬

就這道菜來說，建議使用魚的下半身，從肛門下方切開，如此留在骨頭上的魚肉就不會有刺。另一半的魚也可以單獨醃製。

確定你要醃的魚有多大，並計算出需要製作的醃料。將所有醃料材料放入一只乾淨的碗中。戴上拋棄式手套，將醃料抹在海鱺尾上，讓整塊魚肉都被醃料覆蓋。將魚肉放在一只不鏽鋼托盤上，或是放在鋪了烘焙紙的塑膠容器裡。用烘焙紙蓋起來，放進冰箱醃5天，每天記得幫魚尾翻面。每次操作都必須戴上拋棄式手套，以避免污染。

海鱺醃好後，從托盤中取出，將醃料沖乾淨，再用紙巾拍乾。用鋒利的刀片在魚皮上劃出菱格紋路，然後在切口交叉處插上丁香。

煙燻這種魚肉時，可以使用烤箱，溫度應設置在最低溫。確保廚房空氣流通。取一只單柄鍋，放入浸泡過的木屑，放到烤箱底部。點燃木屑，讓煙霧瀰漫整個烤箱。煙燻2小時，或是直到用探針式溫度計測量魚肉內部溫度達攝氏40度（華氏104度）。靜置冷卻，然後放入冰箱冷藏一整晚。

製作綜合香料時，將所有材料混合均勻，放入密封容器中，至需要時取出使用。

製作蜜糖釉烤肉醬時，將所有材料放入單柄鍋內以中大火煮開，再熬煮30分鐘，或至液體濃縮成一半（務必避免收過頭，否則蜂蜜往往會變太苦）。置於室溫備用。

烤箱預熱至攝氏200度（華氏400度）。

將烤肉醬刷在魚肉表面，再將魚肉置於不鏽鋼烤盤內的金屬網架上，放入烤箱烤20分鐘。從烤箱取出，再次刷上烤肉醬。此時，魚皮會開始變軟上色。繼續烘烤15分鐘，或烤到魚皮完全上釉，魚皮變軟且邊緣變脆。此時魚肉已經熟透，可以分切上菜。

搭配上最喜歡的聖誕沙拉、醬汁與蔬菜。

替代魚種

印章魚
鬼頭刀
野生黃尾獅魚

（參考下頁照片）

魚子馬鈴薯派

這道菜對我來說更像是主菜的配菜，它可以完美地表現出許多種魚子、酸奶油與蝦夷蔥的搭配。

4人份

4 個蠟質馬鈴薯，例如紅皮馬鈴薯，切成 2 至 3 公釐（1/16 至 1/8 英吋）厚片
240 公克（8½ 盎司）酥油，融化後保溫
400 公克（14 盎司）刮好的魚子，取自雨印鯛或印章魚
2 大匙馬鬱蘭（marjoram）葉
海鹽片與現磨黑胡椒
3 個大西式紅蔥頭，切末
150 公克（5 盎司）酸奶油
2 把蝦夷蔥，切末
100 公克（3½ 盎司）海膽塊
100 公克（3½ 盎司）鮭魚卵

烤箱預熱到攝氏200度（華氏400度）。

將馬鈴薯片和溫熱的融化酥油放入大碗中，攪拌至馬鈴薯均勻沾附上酥油。加入魚子和馬鬱蘭，以鹽調味，再攪拌至馬鈴薯均勻沾附。

將馬鈴薯層疊在4只煎蛋鍋裡，或是使用大瑪芬烤模，以扇形鋪開，層疊時相鄰兩層互為反方向。把鍋子或模具鋪滿以後，另外再疊兩層上去，因為馬鈴薯在烹煮過程中體積會縮小。蓋上烘焙紙，放入烤箱烘烤25至30分鐘，將馬鈴薯烤軟。

烤好後靜置至少10分鐘，讓餘熱把馬鈴薯煮熟，然後把馬鈴薯倒入溫熱的餐盤裡。趁馬鈴薯還熱的時候，在中間放上1匙紅蔥頭末，然後放上1匙酸奶油。最後，在上面放1匙蝦夷蔥，以及少許黑胡椒和海鹽。上菜時，在酸奶油周圍放上3至4塊海膽與1匙鮭魚卵，便可上桌。

替代魚種
無鬚鱈
圓鰭魚
大菱鮃鰈魚

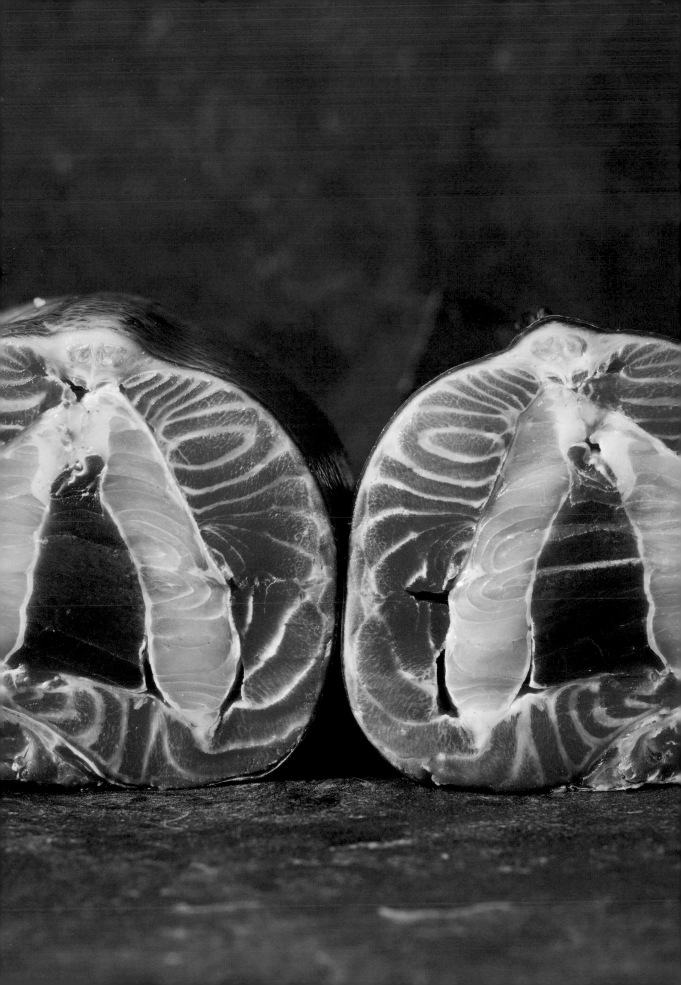

熱煙燻三魚烤

將這些魚蝴蝶切是魚販的工作 —— 不過，替魚去骨是這道菜唯一麻煩的地方了。這道菜絕對會讓人眼睛一亮 —— 下次遇到特殊場合，可以試試看。

12人份

2公斤（4磅6盎司）去骨蝴蝶切的海鱒，帶頭帶尾
1公斤（2磅3盎司）去骨蝴蝶切的墨瑞鱈
1公斤（2磅3盎司）黃鰭鮪腰肉，修整
100公克（3½盎司）浸泡過的鐵桉屑或其他硬木木屑

鹽水

400公克（14盎司／1⅓杯）細鹽
8公升（270液盎司／32杯）冷水

準備鹽水時，將鹽與水放入鍋中攪拌至鹽完全溶化。將魚分別放入不同的碗中，倒入鹽水。靜置一整晚。

第二天，用紙巾把魚拍乾。將鱒魚放在面前，魚尾朝向自己。將墨瑞鱈以同樣的位置疊在鱒魚上面，魚尾同樣朝向自己，然後將鮪魚放在墨瑞鱈的中央。用棉繩將魚綁在一起，確保每條魚的位置都固定不動，魚腹合起來，密合無縫隙。

煙燻魚肉時，可以使用烤箱，溫度設在最低溫。確保廚房空氣流通。取一只單柄鍋，放滿浸泡過的煙燻用木屑，放在烤箱底部。點燃木屑，讓煙霧瀰漫整個烤箱。煙燻2小時，或是直到用探針式溫度計測量魚肉內部溫度達攝氏40度（華氏104度）。靜置冷卻，然後放入冰箱冷藏一整晚。

這道可以當成冷菜上桌，或是刷上少許油，以海鹽調味後放回預熱至攝氏240度（華氏475度）的烤箱，烤10分鐘，將魚皮烤脆。靜置後分切，趁熱上桌。

●

替代魚種

無鬚鱈
虹鱒
鮭魚

（參考下頁照片）

澳式魚餡餅

藉著這些小餡餅，我試著將小時候吃牛肉派所感受到的美味與近乎鄉愁的情懷，轉化為一種廢物利用的表現方式，以充分展現魚的潛能。

4人份

醬汁

50公克（1¾盎司）奶油
50公克（1¾盎司）中筋麵粉
550毫升（17液盎司／2杯）熱的褐色魚高湯（最好用印章魚製作，作法見第67頁）
海鹽片與現磨黑胡椒
1副印章魚魚子，刮好，約100公克（3½盎司）
200公克（7盎司）印章魚魚排，去皮後切成3公分（1¼英吋）大塊
2張酥皮麵團
噴霧烤盤油
中筋麵粉，撒粉用

餡料

60公克（2盎司）酥油
80公克（2¾盎司）印章魚肝
1根韭蔥，切塊
1大匙龍蒿末
1個小煙燻魚心（見第74頁），用專業刨刀（非必要）磨碎
1個小煙燻魚脾（見第74頁），用專業刨刀（非必要）磨碎

刷蛋液

2個全蛋
1個蛋黃

準備醬汁時，將奶油放入厚底單柄鍋，以中火加熱至融化。加入麵粉炒5分鐘，做成奶油炒麵糊。分三次加入高湯，每次加入高湯都要充分混合，並將結塊打散。如果太稠可以再多加點高湯。所有液體都加入以後，調味並繼續烹煮8至10分鐘。放入魚子攪拌，使之均勻分布。鍋子離火，加入印章魚魚塊，蓋上烘焙紙，防止表面形成薄膜。

製作餡料時，將酥油放入平底鍋以大火加熱，放入魚肝煎1分鐘，讓兩面都焦糖化。然後，放到紙巾上瀝乾。

在同一只平底鍋內，以同樣的溫度、同樣的酥油翻炒韭蔥5至6分鐘，將韭蔥炒軟。用少許鹽調味，然後與魚肝一起瀝乾。將魚肝切成3×3公分（1¼英吋×1¼英吋）大塊，加入印章魚醬裡。加入煮熟的韭蔥、調味料、龍蒿末與磨碎的煙燻魚下水（如果使用），然後放入冰箱冷藏。

將蛋液材料混合。準備派模時，取直徑7.5公分（3英吋）的標準瑪芬模具，噴上烤盤油，確保麵皮在烘烤時不會沾黏。將酥皮麵團平鋪在稍微撒了麵粉的工作檯面上，用直徑12公分（4¾英吋）的圓形餅乾模，在每張酥皮麵團上切出4張麵皮。將麵皮放入派模底部。

取直徑8公分（3¼英吋）的圓形餅乾模，在另一張酥皮麵團上切出4張麵皮，作為蓋子用。每個派模裡加入2大匙餡料，在下層麵皮邊緣刷上蛋液。在作為蓋子的上層麵皮的一側也刷上蛋液，然後將蛋液面朝下，蓋到餡料上。用手指將麵皮邊緣壓緊，包覆餡料，也可以用叉子來密封麵皮邊緣。在表面刷上更多蛋液，然後冷藏至少30分鐘。

烤箱預熱至攝氏200度（華氏400度）。接著，替麵皮刷上更多蛋液，然後放入烤箱烘烤12至15分鐘，至表面呈金棕色，餡料變熱。

趁熱搭配最愛的配料上桌（我個人喜歡芥末醬或番茄甜酸醬）。

替代魚種

紅條石斑
無鬚鱈
肩葉鯛

（參考下頁照片）

香草起司蛋糕與印章魚魚子餅乾佐覆盆子及萊姆

除了檸檬塔以外，每當我思考聖彼得餐廳的甜點時，我總會先想到該怎麼將魚入菜。這並不是為了刻意帶來什麼衝擊，根本原因還是在於我看到了美味的可能性。這款起司蛋糕代表其中一個可能性的實現，藉由在傳統餅乾麵團裡加入魚子的作法，為甜點帶來額外的調味與口感。做出來的餅乾有淡淡的鹹味，帶著一種讓人無法言喻卻也美味的鹹香。這款餅乾現在已成了催化劑，讓我們進一步思考將魚運用在甜點上的更多可能。

6人份

起司蛋糕

6 公克（¼ 盎司）吉利丁片
165 毫升（2¼ 液盎司）低乳脂鮮奶油
115 公克（4 盎司／½ 杯）奶油乳酪
50 公克（1¾ 盎司／¼ 杯）（細）砂糖
2 條香草豆莢，切成兩半把籽刮出來
½ 小匙香草精
165 毫升（5½ 液盎司）重乳脂鮮奶油
110 公克（4 盎司）酸奶油

印章魚魚子餅乾

100 公克（3½ 盎司／⅔ 杯）中筋麵粉
150 公克（5½ 盎司／1½ 杯）杏仁粉
100 公克（3½ 盎司／½ 杯）（細）砂糖
50 公克（1¾ 盎司）蜂蜜
100 公克（3½ 盎司／½ 杯）無鹽奶油
100 公克（3½ 盎司）新鮮印章魚魚子

裝飾材料

600 公克（1 磅 5 盎司／4¾ 杯）覆盆子
2 大匙果糖
50 毫升（1¾ 液盎司）酸葡萄汁
6 大匙印章魚魚子餅乾（參考前文）
½ 小匙海鹽片
2 大匙特級初榨橄欖油
1 顆萊姆汁

製作起司蛋糕時，取一只容量500毫升（17液盎司／2杯）的長方形模，鋪上烘焙紙。將吉利丁放入冷水中泡5分鐘，使之軟化。取小鍋，小火加熱65毫升（2¼液盎司）低乳脂鮮奶油至攝氏60至65度（華氏140至149度）。鍋子離火，將軟化的吉利丁擰乾，加入溫熱的鮮奶油中。攪拌至吉利丁溶解，置於溫暖處備用。

抬頭式攪拌機裝設槳狀配件，放入奶油乳酪打發5分鐘，或打到變軟。將砂糖與香草籽混合，然後和吉利丁鮮奶油混合物、香草精與剩餘的100毫升（3½液盎司）低乳脂鮮奶油一起加入奶油乳酪中，攪拌至混合均勻、質地絲滑。

將165毫升（5½液盎司）重乳脂鮮奶油和酸奶油加在一起打發至濕性發泡，然後拌入起司蛋糕混合物中。倒入準備好的模具裡，放入冰箱冷藏至少3小時，或是一整晚。

同個時候，製作餅乾，將烤箱預熱至攝氏150度（華氏300度／烤箱火力2）。將所有材料放入抬頭式攪拌機，用槳狀配件攪拌成柔軟的麵包屑狀。將鬆散的麵團放在兩張烘焙紙之間擀開，然後放入烤盤中烘烤20分鐘，或烤到顏色變金棕色。待冷卻後，把餅乾掰碎。靜置備用。

準備裝飾材料，將300公克（10½盎司／2½杯）覆盆子放入耐熱碗中，加入果糖與酸葡萄汁，用保鮮膜蓋住，放到一鍋微滾的熱水上。靜置15分鐘，待覆盆子軟化。過濾後把覆盆子放在一旁備用，果汁冷藏保存至需要時取出。

上菜時，用熱刀將起司蛋糕切成片，放到餐盤上。將剩餘的覆盆子放入碗中，淋上少許冰過的果汁調味。將覆盆子與1至2大匙冰鎮的果汁舀到餐盤上，然後放上1大匙魚子餅乾、一撮海鹽、1小匙橄欖油與少許萊姆汁，便可上桌。

（參考下頁照片）

魚脂巧克力焦糖蛋糕

我們在2017年與義大利主廚馬西莫・博圖拉（Massimo Bottura）合作，為剩食超市
「OzHarvest」的晚宴準備了這道甜點，藉此展現魚廢料也可以用來做出美味的甜點。
這則食譜是由我、我的妻子茱莉・尼蘭德（Julie Niland）與曾在聖彼得擔任廚師的艾
拉娜・薩普威爾（Alanna Sapwell）共同開發。要做出既美味又值得為世界最佳廚師
端出的甜點，確實有諸多考量，耗費了我們不少腦力。

16人份

巧克力蛋糕

190公克（6½盎司）奶油，軟
　　化
215公克（7½盎司）（細）砂糖
1大匙可可粉
105公克（3½盎司）蛋黃
75公克（2¾盎司）全蛋
226公克（8盎司）黑巧克力（至
　　少還有70%可可固形物），融
　　化備用
340公克（12盎司）蛋白

巧克力卡士達

235公克（8½盎司）無鹽奶油
345公克（12盎司）黑巧克力（至
　　少還有70%可可固形物），掰
　　成小塊
6個雞蛋
210公克（7½盎司）（細）砂糖

準備巧克力底時，先將烤箱預熱到攝氏170度（華氏340度）。
取兩只30×20公分（12×8英吋）的烤盤，鋪上烘焙紙。

將奶油、90公克（3盎司／⅓杯）砂糖與可可粉放入抬頭式攪拌
機，用槳狀配件打到顏色變淺、糖分溶解。混合雞蛋與蛋黃，攪
拌機開中速，分三次加入蛋液，確保已充分混合再加入新的蛋
液。關閉攪拌機，加入融化的巧克力。重新啟動攪拌機，逐漸轉
到中速，攪拌至巧克力完全混合均勻。

取另一只碗，放入蛋白與剩餘的125公克（4½盎司／½杯）砂
糖，用打蛋器打4分鐘，或打到硬性發泡，然後輕輕拌入巧克力
蛋液，至完全混合。將混合物抹在準備好的烤盤上，烘烤20分
鐘，或烤到蛋糕定型，用扦子插進去取出不沾黏。冷藏1小時。

製作巧克力卡士達時，預熱烤箱至攝氏170度（華氏340度）。
取一只30×20公分（12×8英吋）的烤盤，鋪上烘焙紙。

將奶油與巧克力放入耐熱碗中，置於一鍋接近沸騰的水上加熱。
確保碗底不接觸水面。融化後攪拌均勻。

將雞蛋與糖放入抬頭式攪拌機，用打蛋器配件打至糖溶解。接
著，把巧克力拌入雞蛋混合物中，然後將混合物倒入準備好的烤
盤裡。然後，再把烤盤放入另一只更大的烤盤中，倒入高至內
層小烤盤一半的足量熱水。用鋁箔紙將大烤盤蓋住，確保完全密
封，然後放入烤箱烘烤40分鐘，或烤到卡士達定型。

巧克力糖釉

8 片鈦級吉利丁片

500 毫升（17 液盎司／ 2 杯）冰水

140 毫升（4½ 液盎司）水

180 公克（6½ 盎司／ ¾ 杯）（細）砂糖

120 公克（4½ 盎司／ ½ 杯）低乳脂鮮奶油

60 公克（2 盎司／ ½ 杯）優質高脂可可粉

100 公克（3½ 盎司）法芙娜鏡面果膠（Valrhona neutral glaze，可在網路上採購）

魚脂海鹽焦糖

125 公克（4½ 盎司）魚脂肪（海鱺或墨瑞鱈）

500 公克（1 磅 2 盎司）（細）砂糖

250 公克（9 盎司／ 1 杯）重乳脂鮮奶油

2 個香草豆莢，縱切並刮下香草籽

75 公克（2¾ 盎司）葡萄糖漿

200 公克（7 盎司）奶油

½ 小匙海鹽片

組裝材料

4 塊糖釉巧克力蛋糕

4 條魚脂海鹽焦糖（參考前文）

1 大匙焙炒過的茴香籽

2 大匙焦糖魚鱗（見第 69 頁）

海鹽片

120 公克（4½ 盎司／ ½ 杯）酸奶油

組合蛋糕時，將蛋糕底放在砧板上，再把卡士達烤盤倒扣上去，讓卡士達疊在蛋糕上。接著，用力往下壓，讓蛋糕和卡士達黏在一起。將卡士達上的烘焙紙撕開，取一把鋒利的刀，燒熱後將蛋糕切成長條狀，約 10 公分（4 英吋）長，4 至 5 公分（1½ 至 2 英吋）寬。將切好的蛋糕放在托盤裡的金屬網架上，冷藏 1 小時。

與此同時，製作糖釉。將吉利丁放入冰水中浸泡 15 分鐘，使之軟化。將水、糖與鮮奶油放入單柄鍋內煮沸，然後加入可可粉攪拌均勻。

取另一只小平底鍋，以小火加熱使鏡面果膠融化。將鏡面果膠加入濕混合物中，加熱至沸騰後繼續煮 5 分鐘。鍋子離火，加入軟化的吉利丁。混合均勻後，若不立即使用，則需靜置於溫暖處。糖釉必須加熱到攝氏 35 度（華氏 95 度）。

將溫熱的糖釉淋在長條蛋糕上，然後放在金屬網架上冷藏 1 小時，至凝固定型。之後，修整黏在底座的糖釉，放入密封容器中保存至需要時取出使用。

製作焦糖時，取兩只 30×20 公分（12×8 英吋）的烤盤，鋪上烘焙紙。

將魚脂肪放入單柄鍋內，以小火加熱至融化，約 10 至 12 分鐘，或是至完全變成液狀。保溫備用。

將 250 公克（9 盎司）糖、香草豆莢與香草籽放入單柄鍋內，小火加熱 5 分鐘，或至糖完全溶解。放涼。

將剩餘的 250 公克（9 盎司）糖和葡萄糖漿放入厚底大鍋內混合均勻，以中大火加熱 10 分鐘，期間不要攪拌，直到糖融化。煮到焦糖變成理想的顏色，然後分三次加入香草鮮奶油，加入時小心操作，因為可能會噴濺且迅速沸騰。煮到溫度達攝氏 128 度（華氏 262 度），鍋子便可離火，然後加入奶油、魚脂肪與海鹽，用打蛋器攪打均勻。將焦糖倒入準備好的烤盤裡，抹成薄薄的一層，約 5 公釐（¼ 英吋）後，在室溫下完全冷卻，約需 2 小時。冷藏一整晚至定型。

第二天，將焦糖倒在砧板上，用燒熱的尖刀將焦糖切成 10×2 公分（4×¾ 英吋）長度。放入密封容器內冷藏至需要時取出。

組合時，將 4 塊糖釉巧克力蛋糕放在面前。將焦糖棒放在巧克力蛋糕的中央，然後用 6 至 7 粒茴香籽調味，放上 6 至 7 片焦糖魚鱗與少許海鹽片。將酸奶油放入裝了星型花嘴的擠花袋中，將酸奶油擠在焦糖兩側下方。焦糖邊緣與巧克力邊緣應該有 2 公分（¾ 英吋）的間隙。室溫上菜。

附錄

商業乾式熟成的注意事項

對於想要在商業環境中投資，以獲得更多魚肉儲存和熟成的廚師來說，建立起嚴謹的魚源採購與處理程序是首要考量，然後才是考慮投資冷凍櫃設置。

我們開設聖彼得餐廳的地方，廚房後面原本就有一個傳統的風扇式冷凍櫃。在開業之前，我們冒了很大的風險，在這個冷凍櫃裡面設置了一個直冷式冷藏櫃，在那裡把大魚吊掛在軌道上，較小的魚則儲存在訂製設計的滴盤上。我們不知道這樣行不行得通，財務也非常吃緊。第一次在社交媒體上發文，展示我們把第一條魚（一條 18 公斤／ 40 磅的鬼頭刀）掛進新冰箱的時候，遭到一些嘲笑與質疑──這讓我們更加懷疑自己的選擇。最後，我們的孤注一擲終於獲得回報，經過多次試誤與冰箱技術人員的調整之後，終於能開始乾式熟成的實驗。最佳化的儲存條件也讓我們能在魚肉最好、最便宜的時候大量採購。

對於想要以更理想環境儲存魚肉的小餐廳來說，聖彼得餐廳的設置可以是個理想的起點。我們將冷凍室分割成好幾個區域，犧牲約 25% 的現有空間，以設置一個直冷式冷藏櫃。這個直冷式冷藏櫃是在主冷凍室的獨立空間，可以從主冷藏室內的一扇門進入。這個直冷式冷藏櫃內有銅盤管，能在不使用風扇的情況下冷卻小空間。這種設置讓我們得以開始進行乾式熟成，在靜態環境中儲存魚。冷藏櫃有一半是空的，只有在天花板裝設軌道，讓我們能用掛肉鉤將大魚掛起來。另一半是訂製設計的架子，放置有滴盤的不鏽鋼托盤，用以擺放較小的全魚和魚排。

開設魚鋪時，我們決定投資一個更大、更先進的設備，並在冷凍室的天花板安裝鰭管式熱交換器。在剛開始的幾個星期，我們遇到盤管結霜的問題，這讓系統無法有效運作，造成冷凍室溫度上升，但是經過一些調整後，就順利運轉了。相較於聖彼得餐廳的銅盤管系統，鰭管式熱交換器有一個意想不到的好處，就是它能創造出濕度較低的環境，進而讓魚皮保持乾爽，又不至於像用風扇吹一樣讓魚皮乾掉。因此，自從我們把聖彼得餐廳的魚搬到魚鋪去儲存與進行乾式熟成以後，我們已能做出魚皮酥脆度堪比油炸脆豬皮的煎魚。

把小型魚類如牛尾魚、水針魚與斑似沙鮻等掛在冷凍室的鉤子上，會顯得相當可笑。這些魚最好是單層存放在不鏽鋼托盤裡的不鏽鋼滴盤上。這些托盤可以放在推車裡。在直冷式冷藏櫃裡，不需要把整尾小魚蓋起來。魚排最好用冷凍保鮮膜稍微蓋起。

大魚最好把鉤子插入魚尾，懸掛保存。由於採用這種保存方式，魚不會與托盤直接接觸，所以可以防止出水。我們的冷凍室有與門洞平行的軌道設計，掛起來的大魚就好比「窗簾」。有些大魚大到鉤子無法承重，此時我們就得發揮創意，運用皮帶與繩索來處理。

有關我的個人哲學與魚廢料

我不明白，世界各地的廚師為何能接受全魚的使用率僅有 40% 至 45%（更重要的是有 55% 至 60% 是廢料）的情形。

聖彼得餐廳是位於澳洲雪梨的魚餐廳，能容納 34 人用餐。在一個工作週內，我們會購買超過 150 公斤（331 磅）的魚，也就是每天大約 25 公斤（55 磅）。在雪梨，全魚（包括我們購買的高級魚）的平均價格是每公斤 20 澳幣。如果按照業界標準的收率預期 40% 至 45% 來計算，那麼每天購買食材的 500 澳幣，會有 300 澳幣是損失，產出只有 200 澳幣。現在我知道，骨頭可以用作高湯，有些餐廳會用炭火來烤魚領，但這只佔了「損失」的一小部分。

舉例來說，我以每公斤 24 澳幣購買一條重 17 公斤（38 磅）的線釣橫帶石斑魚，花費 408 澳幣。按 44% 的產出來算，這意味著「可用」魚排的成本為 179 澳幣。另外 56% 的損失，成本是 228 澳幣。可用的魚排重 7.45 公斤（16 磅），表面上看來，以 200 公克（7 盎司）來計算，可以產出 26 份能引起食慾、也值得放在單點菜單上的菜餚。每份成本 15.69 澳幣，在餐廳裡至少得把價格訂在 60 澳幣，如此在考慮到經常性費用的情況下，才算「有利可圖」。試想，如果本書所作的努力只能幫助你再賺得 10% 的「損失」，你就可以從那條橫帶石斑魚身上多弄出 1.73 公斤（4 磅）的可用食材（成本 41.5 澳幣）。

對於一個小企業來說，這代表一個巨大的契機，讓你為更具永續性的未來盡一份心力，同時也讓你更完善地運用花了大錢購入的食材。當然，從財務角度來看，我們很難取決到底分解工作與讓每個部位都變好吃所付出的額外勞力是否「值得」。不過我們在聖彼得發現的一件事是，當食品成本下降，工資成本就會上升（反之亦然）。

近年來，我才把所有精力都放在這些「次要」項目上。我很幸運，在整個廚師養成的過程中，都能待在一個每週每天都會採購很多全魚的廚房，所以觀察魚下水是每天替魚去鱗去內臟的例行工作的一部分。到了某個時間點，我開始替這些魚下水秤重，注意到一些驚人的數字：有些印章魚魚肝的重量相當於魚排本身的重量；鬼頭刀魚子佔了魚體重的 12%。我不只把它們看成具有實際價值的產品，也看到這些魚下水的烹飪潛能。我從最顯而易見的部分下手──製作鹽漬魚子的半成品，接著，慢慢發展到煎魚肝搭配歐芹與酸麵包（現在這道菜已經是聖彼得餐廳菜單上的常客，也是顧客的最愛）。

食譜索引

魚類索引

依筆劃排序

謝詞

我覺得，無論在哪個領域，寫書這件事都是一種殊榮，也附帶著相當的責任——一種讓人日思夜夢、耗費心神的責任。

我很幸運，在生活中，身邊總有一些非比尋常的人。最幸運的莫過於有我美麗妻子茉莉的陪伴。茉莉的愛、耐心與對每件事的仔細都是超人的——她是我所知道最勤奮也最能啟發人心的人。她如何能同時與我經營兩個事業，還扮演好我們三個漂亮孩子的母親？這完全超乎我的理解。我深深感到無比幸運。

致我的家人，史蒂芬（Stephen）、瑪蕾婭（Marea）、伊莉莎白（Elizabeth）、哈雷（Hayley）和伊安（Ian），謝謝你們一直以來對我的支持。沒有你們，我真的沒有機會寫下這本書。

致我的導師彼得・多伊爾（Peter Doyle）、史蒂芬・霍奇斯（Stephen Hodges）、喬・帕夫洛維奇（Joe Pavlovich）、路克・曼根（Luke Mangan）、亞歷克斯・伍利（Alex Wooley）、伊莉莎白・科康（Elizabeth Kocon）與安東尼・科康（Anthony Kocon）。你們對我的職業生涯造成非常深遠的影響，「感謝」兩個字甚至顯得微不足道。你們給我許多挑戰，促使我更上一層樓。我永遠感激能在你們麾下學習，也對此深感榮幸。

致曾經與目前正在聖彼得餐廳與魚鋪工作的廚師群：感謝你們所有人在這個如此辛苦且需要相當注意力的領域裡展現出耐心、辛勤工作與奉獻精神。特別要提到的是才華洋溢的聖彼得餐廳開業團隊——威米・溫克勒（Wimmy Winkler）、艾拉娜・薩普威爾（Alanna Sapwell）、奧利弗・彭米特（Oliver Penmit）、肖恩・康威（Sean Conway）與卡蜜兒・范格拉姆伯倫（Camille Vangramberen），他們的努力讓一切得以實現。沒有你們，聖彼得永遠不會有現在的成功。最後也要感謝保羅・法拉格（Paul Farag）與陶德・加拉特（Todd Garratt），謝謝你們對魚鋪的信心與孜孜不倦地投入，創造出一個獨一無二的品牌。我在此向各位致上由衷的感謝。

我還要感謝 Hardie Grant 出版社的工作團隊，感謝他們相信這麼一本獨特的書。謝謝珍・威爾森（Jane Willson）、西蒙・戴維斯（Simon Davis）、丹尼爾・紐（Daniel New）、羅伯・帕爾默（Rob Palmer）、史蒂夫・皮爾斯（Steve Pearce）、潔西卡・布魯克（Jessica Brook）與凱西・史提爾（Kathy Steer）的才華。我衷心感謝你們對這本書的投注，超出了我的所有預期；在這麼短的時間可以取得這樣的成績，真的讓人驚訝。最後，還要感謝莫妮卡・布朗（Monica Brown），謝謝你的智慧、持續不斷的支持與信念。

VC0038

全魚解構與料理

採購、分切、熟成、醃製，從魚肉、魚鱗到內臟，天才主廚完整分解與利用一條魚的烹飪新思維，探究魚類料理與飲食的真價值

作　　　者／喬許‧尼蘭德（Josh Niland）
攝　　　影／羅伯‧帕爾默（Rob Palmer）
譯　　　者／林潔盈
特 約 編 輯／余采珊

總 　編 　輯／王秀婷
主　　　編／洪淑暖
版 權 行 政／沈家心
行 銷 業 務／陳紫晴、羅伃伶

發 　行 　人／涂玉雲
出　　　版／積木文化
　　　　　　104台北市民生東路二段141號5樓
　　　　　　官方部落格：http://cubepress.com.tw/
　　　　　　電話：(02) 2500-7696　　傳真：(02) 2500-1953
　　　　　　讀者服務信箱：service_cube@hmg.com.tw
發 　　　行／英屬蓋曼群島商家庭傳媒股份有限公司城邦分公司
　　　　　　台北市民生東路二段141號11樓
　　　　　　讀者服務專線：(02)25007718-9　24小時傳真專線：(02)25001990-1
　　　　　　服務時間：週一至週五上午09:30-12:00、下午13:30-17:00
　　　　　　郵撥：19863813　　戶名：書虫股份有限公司
　　　　　　網站：城邦讀書花園　網址：www.cite.com.tw
香港發行所／城邦（香港）出版集團有限公司
　　　　　　香港九龍九龍城土瓜灣道86號順聯工業大廈6樓A室
　　　　　　電話：852-25086231　　傳真：852-25789337
　　　　　　電子信箱：hkcite@biznetvigator.com
馬新發行所／城邦（馬新）出版集團
　　　　　　Cite (M) Sdn Bhd
　　　　　　41, Jalan Radin Anum, Bandar Baru Sri Petaling,
　　　　　　57000 Kuala Lumpur, Malaysia.
　　　　　　電話：603-90563833　　傳真：603-90576622
　　　　　　email: services@cite.my

美術設計／于靖
內頁排版／薛美惠

【印刷版】
2021年7月29日　初版一刷
2023年12月13日　初版二刷
售　價／NT$ 1280
ISBN／978-986-459-329-3
Printed in Taiwan.

【電子版】
2021年7月
ISBN／978-986-459-328-6

國家圖書館出版品預行編目(CIP)資料

全魚解構與料理：採購、分切、熟成、醃製,從魚肉、魚鱗到內臟,天才主
　廚完整分解與利用一條魚的烹飪新思維,探究魚類料理與飲食的真價值
　/喬許.尼蘭德(Josh Niland)著；林潔盈譯. -- 初版. -- 臺北市：積木文化出
　版：英屬蓋曼群島商家庭傳媒股份有限公司城邦分公司發行, 2021.07
　　面；　公分. -- (食之華；38)

　譯自：The whole fish cookbook : new ways to cook, eat and think
　ISBN 978-986-459-329-3(平裝)

　1.海鮮食譜 2.烹飪 3.魚類

　427.252　　　　　　　　　　　　　　　　　　　　110009603